CHANGJIANG SHANGYOU
DIANXING SHUIYU FUYOU ZHIWU
JIANCE SHIJIAN

长江上游典型水域
浮游植物监测实践

兰　峰　左新宇　吴树宝　李　宏　刘跃晨　孙志峰◎著

U0395427

河海大学出版社
HOHAI UNIVERSITY PRESS
·南京·

图书在版编目(CIP)数据

长江上游典型水域浮游植物监测实践 / 兰峰等著
. -- 南京 : 河海大学出版社,2023.12
ISBN 978-7-5630-8803-4

Ⅰ.①长… Ⅱ.①兰… Ⅲ.①长江流域—上游—浮游
植物—监测 Ⅳ.①Q948.8

中国国家版本馆 CIP 数据核字(2023)第 250533 号

书　　名　长江上游典型水域浮游植物监测实践
书　　号　ISBN 978-7-5630-8803-4
责任编辑　章玉霞
特约校对　袁　蓉
装帧设计　徐娟娟
出版发行　河海大学出版社
地　　址　南京市西康路 1 号(邮编:210098)
电　　话　(025)83737852(总编室)　　(025)83722833(营销部)
经　　销　江苏省新华发行集团有限公司
排　　版　南京布克文化发展有限公司
印　　刷　广东虎彩云印刷有限公司
开　　本　710 毫米×1000 毫米　1/16
印　　张　16.25
字　　数　300 千字
版　　次　2023 年 12 月第 1 版
印　　次　2023 年 12 月第 1 次印刷
定　　价　98.00 元

前言

Preface

　　水生态监测是做好河湖生态流量保障、健康评价、生态调度、洄游通道设计与建设、水系连通与生态修复、供水安全保障等水利工作的重要支撑，是水生态评价和考核的重要基础，是生态大保护的重要前提。随着水生态环境保护向水资源、水生态、水环境统筹推进、系统治理转变，水生态监测的重要性和必要性日益凸显。

　　浮游植物是重要的水生生物类群，浮游植物监测是水生态监测的重要部分。目前，浮游植物监测广泛用于水资源质量评价、饮用水安全评估、河湖健康评价、水华风险评价、幸福河湖建设成效评价、河湖生态状况演变研究等工作，是目前水生态监测评价中用得最多的监测评价手段之一。

　　长江上游地区分布有三峡水库、向家坝、溪洛渡、白鹤滩、乌东德等大型梯级水库，以及赤水河、泸沽湖、邛海等生态敏感区域，是我国水资源、水电能源和生态资源战略重地。长江上游是长江流域重要的生态安全屏障和水源涵养地，承载着西部大开发和长江经济带等重大国家战略任务。抓好长江上游生态大保护，筑牢长江上游重要生态安全屏障，是长江经济带高质量发展的前提。

　　近年来，水体富营养化已成为我国内陆水体的主要问题之一。部分河流、水库、湖泊，尤其是库区支流和库湾局部水域的水体富营养化进程加快，引人担忧，水资源质量和安全保障面临巨大的挑战和压力。

　　自 2013 年以来，长江水利委员会水文局长江上游水文水资源勘测局（以下简称"长江委水文上游局"）积极谋划探索，先后在长江上游干流重庆段，三峡库区小江、大宁河、赤水河、酉水河等多条长江流域支流，金沙江向家坝库区、溪洛渡库区，以及区域典型敏感水域如泸沽湖、邛海等重点区域开展了浮游植物等生物类群的水生态监测试点工作,取得了宝贵的监测资料,有效支撑了区域水资源水环境水生态监测管理工作。

本书介绍了浮游植物(浮游藻类)的概念、生态地位、监测意义,以及浮游植物传统和现代监测评价方法,在总结前述研究工作的基础上,结合长江上游(包括金沙江地区)典型区域,介绍了在研究区域开展的浮游植物监测实践,并对河湖监测管理提出了建设性的意见。

全书共分为十六章。第一章由兰峰、徐浩撰写,第二章由兰峰、徐鹏撰写,第三章和第四章由左新宇撰写,第五章由左新宇、王宇翔撰写,第六章由兰峰、左新宇、马玉婷撰写,第七章由左新宇、孙志峰、刘芳枝撰写,第八章由兰峰、孙志峰、段恒轶撰写,第九章和第十章由兰峰、吴树宝、刘跃晨、程帅撰写,第十一章由左新宇、雷天雷、柯腾撰写,第十二章由兰峰、吴树宝、任树清、徐杨撰写,第十三章和第十四章由左新宇、马运革、柯腾、文首鑫撰写,第十五章由李宏、兰峰、左新宇撰写,第十六章由兰峰撰写。最后全书由左新宇统稿,兰峰审稿。

第一章介绍了长江上游地区自然地理、水系、水文气象、经济社会和环境状况,以及长江上游浮游植物监测概况。第二章介绍了浮游植物的概念、形态结构与繁殖方式、生态地位及应用价值。第三章介绍了浮游植物的分类及常见种类,并对常见种类的基本特征进行了阐述。第四章论述了浮游植物与气象条件、水文水动力条件、水环境因子和生物因子的相互关系,论述了浮游植物与富营养化、水华的关系,介绍了常见水华种类、危害及其防治方法。第五章阐述了浮游植物形态学、生理学、分子生物学等监测方法,并简单介绍了遥感、高光谱、自动监测等新技术在监测中的应用。第六章阐述了长江上游干流重庆段的监测实践。第七章介绍了金沙江下游向家坝库区的监测实践。第八章介绍了金沙江下游溪洛渡库区的监测实践。第九章介绍了三峡库区支流大宁河的监测实践。第十章介绍了三峡库区支流小江(澎溪河)的监测实践。第十一章介绍了长江上游支流赤水河(四川段)的监测实践。第十二章介绍了长江上游流域酉水河(重庆段)的监测实践。第十三章介绍了长江上游典型湖泊泸沽湖的监测实践。第十四章介绍了长江上游典型湖泊邛海的监测实践。第十五章是浮游植物生理特性研究一例。第十六章是结语和展望。

本书在撰写过程中,得到了长江委水文上游局,重庆市水文监测总站(重庆市水质监测中心),中国长江三峡集团有限公司流域枢纽运行管理中心,重庆大学等单位的支持和帮助。尤其是长江委水文上游局吕平毓先生,在本书的撰写过程中,进行了全面而悉心的指导。书中部分材料还参考了有关单位或个人的研究成果,均在参考文献中列出或标注,在此一并致谢。

本书为一本介绍浮游植物(浮游藻类)监测方法和实践的专著,可供河湖生态学、水利学、水生生物学等相关专业的研究人员,以及水生态环境监测保护等相关从业人员或爱好者参考。

由于浮游植物生态监测本身的复杂性,并且监测工作还不够系统,本书的内容还存在诸多不足。加上时间仓促,特别是水平有限,虽几易其稿,但书中的错误和缺点仍在所难免,欢迎广大读者不吝赐教。

作者

2023 年 12 月于重庆

目录

Contents

第1章

总体概况

长江,古名"江",又称"大江",六朝以后始称"长江"。其干流河道全长6 300余千米,为中国第一大河,亚洲最长的河流,世界第三大河。

长江发源于青海省西南部、青藏高原上的唐古拉山脉主峰各拉丹冬雪山,曲折东流,干流先后流经青海、四川、西藏、云南、重庆、湖北、湖南、江西、安徽、江苏、上海共11个省、自治区和直辖市,最后于上海市崇明岛附近汇入东海。其流域面积180万 km²,约占全国总面积的1/5,年入海水量9 513亿 m³,占全国河流总入海水量的1/3以上。从地理上看,长江流经的中国青藏高原、横断山区、云贵高原、四川盆地、长江中下游平原,绝大部分处于湿润地区。

长江上游是指长江源头至湖北宜昌这一江段,河道长4 504 km,主要涉及青海、西藏、四川、云南、重庆、湖北等6个省(区、市)。长江上游流域面积100万 km²。其地势西高东低,处于青藏高原到华中丘陵平原区的过渡地带,区内主要由青藏高原、云贵高原、四川盆地组成,东至湖北宜昌,北到陕西南部,南至云南以及贵州北部的广大地区,涉及青海、西藏、四川、云南、重庆、贵州、甘肃、陕西、湖北等多个省(区、市)。长江上游流域在长江流域中的位置示意图如图1.1-1所示。

1.1 自然地理概况

长江上游地形总趋势是西部高、东部低,由河源至宜昌,总落差约为

注:1. 本书计算数据或因四舍五入原则,存在微小数值偏差。

2. 本书所使用的市制面积单位"亩",1 亩≈666.7 m²。

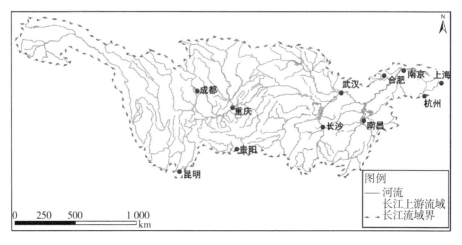

图 1.1-1　长江上游流域在长江流域中的位置示意图

5 200 余米,地势上形成 2 级大台阶。第一级台阶由青南、川西高原和横断山区组成,海拔 3 500～5 000 m。第二级台阶为秦巴山地、四川盆地和云贵高原,海拔 500～2 000 m。一、二级台阶之间的过渡带,由陇南、川、滇高中山地构成,海拔为 2 000～3 500 m,地形起伏大,自西向东由高山急剧降为低山丘陵。整个长江上游流域内山地、高原约占 71%,主要分布在流域西部和流域边缘地带;丘陵、盆地约占 25%,主要分布于四川盆地、湘赣两省的中部及安徽省中南部;平原占 3%,主要分布于四川盆地西部;河流、湖泊约占 1%。

长江的源头位于青藏高原腹地,是唐古拉山主峰各拉丹冬雪山(海拔 6 621 m)西南麓的姜根迪如冰川,长江的中源沱沱河,南源当曲河,北源楚玛尔河均发源于此。冰川全长 12.8 km(冰川起点海拔 6 543 m)。其中冰舌段长 8.5 km,冰舌末端海拔 5 400 m(依此计算长江总落差为 5 400 m)。

长江上游地区气候温和,年均气温在 14～18℃,年均温差大。年均降水在 800～1 800 mm,雨量较为充沛。气候类型多样,有寒带气候、热带湿润季风气候、亚热带西南季风气候、亚热带高原季风型气候和中亚热带湿润气候。植被类型丰富,有稀疏草原、高山草甸、寒温性针叶林、落叶阔叶混交林、常绿阔叶林和山地常绿针阔混交林等,主要以栽培植被、灌丛、草甸及针叶林为主。

1.2　水系概况

长江上游河段包括长江源、通天河、金沙江和长江宜宾至宜昌段(川江)。长江上游主要河段划分情况见表 1.2-1。

长江江源地区为楚玛尔河与通天河汇合处以上的地区,长江江源地区水系呈扇形分布,河流有 40 余条。长度较长、水量较大、位置较居上游的有沱沱河、当曲、楚玛尔河、布曲、尕尔曲 5 条。江源水系主要由沱沱河、当曲、楚玛尔河 3 条河流组成。

从源头冰川 5 820 m 雪线起至当曲汇口止,沱沱河段全长 346 km,当曲与沱沱河汇合在一起以后,人们称之为通天河。通天河与巴塘河汇合后,称金沙江。金沙江与岷江汇合后称为长江。

按天然流域划分将长江上游地区划分为金沙江流域、岷-沱江流域、嘉陵江流域、乌江流域和上游干流区。该河段落差大,峡谷深,水流湍急,主要支流有雅砻江、岷江、沱江、嘉陵江、乌江等。

表 1.2-1　长江上游主要河段划分情况表

河段			起讫段	长度(km)
长江上游	—	—	江源—宜昌(南津关)	4 504
—	长江源	沱沱河	江源冰川—囊极巴陇(当曲汇口)	346
—	通天河	—	当曲汇口—玉树(巴塘河汇口)	828
—	金沙江	—	巴塘河汇口—宜宾(岷江汇口)	2 290
—	川江	—	宜宾—宜昌(南津关)	1 040
—	—	川江	宜宾—奉节	832
—	—	三峡	奉节—宜昌	208

1.2.1　河源

沱沱河源头冰川融水顺着各拉丹冬雪山西麓,与西侧尕恰迪如岗雪山冰川融水汇合,穿过古冰川的 U 形谷地,北流至唐古拉山口附近,深切古冰川终碛垄,形成岸高 20 m、谷宽 30 m、水面宽 10 m 的峡谷,急流出山进入南北长 20 km、东西宽 7 km 的广阔河漫滩,水流时分时合,形成辫状水网。河水继续北流,切穿横列东西的祖尔肯乌拉山,形成长 30 km、宽 1 km 的河谷,两岸陡峭成峡。水流出山,至葫芦湖南,左岸接纳支流波陇曲后,沱沱河折向东流。

从源头冰川至波陇曲汇口的沱沱河上段,以往出版的地图上均未标出,所以一直误认为长江发源于祖尔肯乌拉山北麓,直至 20 世纪 90 年代测绘和水利部门考察时才予以纠正。东流的沱沱河在宽浅的河床中游荡,经过青藏铁路沱沱河特大桥(河宽 1 300 m),至襄极巴陇与长江南源当曲汇合。从源头冰川 5 820 m 雪线起至当曲汇口止,沱沱河段全长 346 km,汇口以下进入长江干流通天河段。长江正源沱沱河与南源当曲的各支流汇集于唐古拉山脉北麓的断陷盆地内,水系呈扇状排列。在完整的青藏高原面上,除部分山区外,大部分地势平缓,属长江江源高平原地貌区,河床纵断面比降较小。

沱沱河源头至波陇曲汇口 126 km 属山区段,平均比降约 5.4‰,波陇曲汇口至当曲汇口 220 km 为宽谷游荡段,平均比降约 1.3‰,河床宽浅、汊道纵横、沙滩罗列为其特征。

1.2.2　通天河

通天河自当曲汇口到玉树(巴塘河汇口)河道呈弓形,长 828 km。其中,当曲汇口至楚玛尔河汇口的通天河上段长 278 km,仍属长江江源高平原区。河谷地貌可划分为三种类型:第一种是山区宽浅峡谷型,见于青藏公路以东的马日给峡和牙哥峡,两岸山峰高出河面 250～500 m。河谷横断面呈上陡下缓的宽浅的上凹形。第二种是丘陵坦谷型,两岸山顶高出河面 200～300 m,相距 4～5 km,河谷横断面为宽浅梯形,谷底宽 1～2 km,河漫滩一般宽 1 km以上,水流分散,汊道很多,还有废弃的古河道。第三种为平原宽槽型,谷形不明显,河漫滩宽达 2～3 km,河水散乱,汊道更多,在楚玛尔河汇口处,水面宽约 1.2 km,分为 7 汊,游荡于平坦的沙砾层上。楚玛尔河汇口至玉树巴塘河汇口为通天河下段,长 550 km。其中楚玛尔河汇口至登额曲汇口段,为高平原丘陵区向高山峡谷区过渡地带,两岸阶地发育,山岭高 100～500 m,河谷开阔,向下游逐渐束窄,水面宽 150～200 m,中泓水深 2～3 m,砂砾卵石河床。登额曲汇口以下为高山峡谷区,两岸山高 40～600 m,通天河在峡谷间迂回穿行,水面宽 50～20 m,中泓水深 4 m 以上。通天河自当曲汇口处的海拔 4 470 m 起点,至巴塘河汇口处海拔 3 530 m 止,落差 940 m,河道平均比降 1.16‰。通天河汇聚长江江源地区来水,年径流量约 130 亿 m³,输沙量 900 多万 t,含沙量 0.74 kg/m³,河水清澈,水质良好。

1.2.3　金沙江

从玉树巴塘河汇口以下到宜宾岷江汇口的河段被称为金沙江,全长 2 290 km,在丽江的石鼓以上,金沙江流向由东南逐渐转为南北,大致与澜沧江、怒江平行。石鼓以下,折转向东北,复折向南,又经多次直角转折,东流至四川盆地。金沙江河谷,从玉树直门达水文站到邓柯,两岸山岭海拔一般为 4 000~5 000 m,江面海拔 3 500~3 000 m,相对高差 500~1 000 m,具有高山河谷的地貌特点。从邓柯到石鼓,金沙江河谷愈切愈深,一般山岭高度降低幅度有限,而江面海拔却从 3 000 m 降到 1 800 m,岭谷高差可达 1 000~1 500 m,成为横断山区山高谷深的典型地段。石鼓以下,金沙江折向东北流,形成了一个马蹄形的弯曲,被称为"长江第一湾",河谷也更加束窄,著名的虎跳峡即位于此段。虎跳峡全长约 16 km,江流在峡内连续下跌 7 个陡坎,落差 220 m,平均比降 13.8%,最窄处河宽仅 30 m。金沙江河床上险滩特别多,仅从金江街到新市镇 1 000 多千米流程内,著名的险滩就有 400 余处,其成因大致可分为三类:第一类,由两岸溪沟冲出的冲积-洪积锥或泥石流阻塞江流而成的险滩,约占 85% 以上;第二类,由山崩巨大岩块所构成的险滩,约占 10%;第三类,由基岩河床上的岩礁所形成的险滩,约占 5%。

自宜宾以下河段才正式以长江命名,宜宾至宜昌为上游(长 1 040 km),宜昌至江西省的鄱阳湖湖口为中游(长 955 km),湖口以下为下游(长 938 km)。上游自宜宾以下至重庆奉节之间的一段又称为川江,长 832 km。川江河谷所在的四川盆地的地质构造主要为北东向的梳状褶皱以及走向断层,愈往盆地东部褶皱愈紧密,至川东平行岭谷区尤其明显。背斜轴部所成的大小山脉有 20 余条,长者达 300 多千米,短者亦有 20~30 km。河流在向斜层中为宽谷,江面宽 700~800 m,穿过背斜层时则成峡谷,江面宽 200~300 m,形成川江河谷形态的基本特征。

1.2.4　长江三峡

长江三峡亦属川江的一段,西起奉节的白帝城,东迄宜昌的南津关,全长约 208 km,最大切割深度可达 1 500 m。有三个主要峡段:白帝城至黛溪称瞿塘峡,巫山至巴东的官渡口称巫峡,秭归的香溪至南津关称西陵峡。峡谷之间有三段宽谷相隔:瞿塘峡与巫峡间为大宁河宽谷;巫峡与西陵峡间为香溪宽谷;西陵峡中部有庙南宽谷,又将西陵峡分为东西两段。长江三峡两岸的山势,自西向东大致呈不对称抛物线形,最高点在巫峡一带,两岸山顶海拔达

1 500~1 600 m,巫峡以西降至 1 000~1 200 m,巫峡以东降至 800~1 000 m,至南津关只有 200~300 m。①瞿塘峡(白帝城—黛溪)。全长约 8 km,两岸山峰海拔 1 000~1 500 m,岩壁直立,江面狭窄,最窄处不过 100 多米。②大宁河宽谷。自黛溪到巫山长约 25 km,长江河谷位于北东东走向的向斜层内,沿岸出露三叠系巴东组与侏罗系香溪群的砂页岩,由于岩性松软,谷形宽广。③巫峡(巫山—官渡口)。长约 45 km,长江河谷大致成东西向,沿程几乎全部为三叠系大冶灰岩,流向与岩层走向斜交,形成著名的巫峡。在峡谷段内,河道曲折,两岸山峰一般高出江面 500~600 m,较高的达到 1 000~1 300 m,号称"巫山十二峰"。④香溪宽谷。官渡口到香溪长约 47 km,在泄滩以西河谷较宽,具有单斜谷性质。在泄滩以东为秭归盆地,河谷开阔。⑤西陵峡西段。自香溪到庙河长约 16 km,长江流向东南,斜穿黄陵背斜的西翼,即已进入西陵峡范围,两岸均为海拔 1 000~1 500 m 的喀斯特山地。⑥庙南宽谷。庙河到南沱长约 34 km,长江横穿黄陵背斜轴部。在美人沱以上,流向南东东,河谷呈现较开阔的对称峡谷,江面宽度为 300~500 m。美人沱至南沱之间,长江两岸多属丘陵,谷宽坡缓,最宽处在三斗坪一带,建坝前洪水期河宽达 1 400 m,三峡大坝即修建于此。⑦西陵峡东段。南沱到南津关长约 20 km,长江河谷发育在黄陵背斜的东翼,石牌以北的灯影峡,河宽不到 250 m;石牌以东称黄猫峡,又称宜昌峡,长约 12 km,江面宽度 250~450 m。在三峡地区的河床上,有顺河分布的低于海平面的槽状洼地,称为"深槽",三斗坪附近有 8 个深槽,最深的长木沱深达 -36 m,南津关附近有 4 个深槽,最深达 -45 m。

1.2.5 长江上游主要支流

长江流域总面积 180 万 km²,干流横跨东西,支流伸展南北,7 000 多条各级支流组成了庞大的长江水系。其中流域面积在 1 000 km² 以上的河流有 483 条,1 万 km² 以上的河流有 49 条,8 万 km² 以上的河流有 8 条。长江上游区段宜宾以上的长江金沙江区段流域面积 34.2 万 km²,左岸有长江上游最大支流雅砻江及流域面积 1 万 km² 以上的支流鲜水河、理塘河、安宁河等主要支流加入。宜宾以下至宜昌的长江上游区段流域面积超过 50 万 km²,汇入的支流众多,左岸支流主要有岷江、沱江、嘉陵江,右岸支流有乌江、赤水河。

(1)雅砻江

雅砻江发源于巴颜喀拉山南麓青海省称多县,流经横断山脉区域,被夹于大雪山和沙鲁里山之间,是典型的峡谷型河流。雅砻江在攀枝花市汇入长江,全长 1 637 km,总落差 4 420 m,流域面积12.8 万 km²,水量丰富,年径流量 604 亿 m³。金沙江右岸流域面积在 1 000 km² 以上的支流有 29 条,1万 km² 以上的支流有 3 条,即普渡河、牛栏江和横江。

(2)岷江

岷江发源于岷山南麓,在宜宾市汇入长江,全长 735 km,流域面积13.6 万 km²,主要支流有大渡河、青衣江及马边河。大渡河是岷江最大支流,全长 1 060 km,流域面积9.1 万 km²,占岷江流域面积的 68%。青衣江是大渡河的支流,长 279 km,流域面积12 897 km²。岷江水量丰富,多年平均年径流量达 899 亿 m³,是长江水量最大的支流。

(3)沱江

沱江发源于川西北九顶山南麓,绵竹市断岩头大黑湾。南流到金堂县赵镇接纳沱江支流——毗河、清白江、湔江及石亭江等四条上游支流后,穿龙泉山金堂峡,经简阳市、资阳市、资中县、内江市、自贡市、富顺县等至泸州市汇入长江。全长 712 km,干流长 634 km,流域面积2.8 万 km²。沱江支流众多,与干流组成树枝状水系。

(4)嘉陵江

嘉陵江发源于秦岭南麓,于重庆市汇入长江,干流全长 1 119 km,流域面积15.98 万 km²。干流与主要支流涪江、渠江在合川附近汇合,构成向心水系。嘉陵江流域地势东、北、西三面较高,向东南方向逐渐降低。各水系上游均为山区,河谷比较狭窄。干流自广元以下河谷逐渐开阔,但到合川以下地势重新升高为山区地形,构成俗称的"小三峡"。嘉陵江年径流量 659 亿 m³,多年平均年输沙量 1.52 亿 t,约占长江宜昌站输沙量的 29%,是长江主要泥沙来源之一。

(5)乌江

乌江发源于乌蒙山东麓,流经贵州、重庆两省(直辖市),于重庆市涪陵区汇入长江,全长 1 037 km,流域面积87 920 km²。乌江支流众多,集水面积大于 1 000 km² 的支流有 15 条。乌江流域气候温和,雨量丰沛,年径流量509 亿 m³,多年平均年输沙量 2 690 万 t。

1.3 水文气象概况

长江上游金沙江流域降水量的总体分布是自西北向东南递增,接近源头的楚玛尔河多年平均年降水量为 239 mm,出口处宜宾站多年平均年降水量为 1 154.9 mm(增加了 3.83 倍)。干流岗拖、雅砻江甘孜以北地区,地处青藏高原,地势高,降水少,多年平均年降水量为 240～550 mm。岗拖以南至奔子栏、雅砻江甘孜以南至洼里区间,多年平均年降水量为 350～750 mm。奔子栏、洼里以下地区,多年平均年降水量存在 5 个大于 1 000 mm 的高值区和 4 个小于 750 mm 的低值区。年内降水主要在汛期 6—10 月,这 5 个月的降水量一般占年降水量的 80%～90%,最高的达 92%(楚玛尔河),最低的为 63%(维西)。

长江宜宾至宜昌段位于东亚副热带季风区,四周环山,冬无严寒,夏季季风活跃,气候温暖湿润,雨量丰沛,多年平均年降水量约 1 100 mm,全年降雨量的 70%～90% 集中在 5—10 月。四川盆地的西部和东北部多因高山地形影响,有利于西南气流聚集,是长江流域著名的暴雨中心。西部的峨眉山地区多年平均年降水量达 2 000 mm 以上。降水时空分布不均匀,从地域看,大致是从东南向西北递减。

1.4 经济和社会概况

长江上游河段流经青海、西藏、四川、云南、重庆、湖北等 6 个省(区、市)。长江上游地区城市和工业、农牧业不断发展,是我国西部大开发的重要地区。

1.4.1 青海省

2021 年青海省全年地区生产总值(GDP)3 346.63 亿元,按可比价格计算,比上年增长 5.7%,2020—2021 年两年平均增长 3.6%。分产业看,第一产业增加值 352.65 亿元,比上年增长 4.5%,两年平均增长 4.5%;第二产业增加值 1 332.61 亿元,增长 6.5%,两年平均增长 4.5%;第三产业增加值 1 661.37 亿元,增长 5.4%,两年平均增长 2.7%。第一产业增加值占生产总值的比重为 10.5%,第二产业增加值比重为 39.8%,第三产业增加值比重为 49.7%。

1.4.2 西藏自治区

2021 年西藏自治区全年地区生产总值(GDP)2 080.17 亿元,按可比价计算,比上年增长 6.7%;人均地区生产总值 56 831 元(按年平均美元汇率折算为 8 809 美元),增长 6.1%;全体居民人均可支配收入 24 950 元,比上年增长

14.7%；根据人口抽样调查推算，年末全区常住人口总数为366万人；全年农作物播种面积274.20千公顷，比上年增加7.29千公顷；全年粮食总产量106.15万t，比上年增长3.2%；年末牲畜存栏总数1 692.52万头（只、匹），比上年末增加34.99万头（只、匹）；全年工业增加值189.90亿元，比上年增长16.2%；全年社会消费品零售总额810.34亿元，比上年增长8.7%；全年货物贸易进出口总额40.16亿元，比上年增长88.3%；年末公路总通车里程120 726 km，比上年增加1 895 km；全年接待国内外游客4 153.44万人次，比上年增长18.5%。

1.4.3　云南省

2021年云南省全年地区生产总值（GDP）27 146.76亿元，按可比价格计算，比上年增长7.3%，两年平均增长5.6%。其中，第一产业增加值3 870.17亿元，比上年增长8.4%；第二产业增加值9 589.37亿元，增长6.1%；第三产业增加值13 687.22亿元，增长7.7%。三次产业结构为14.3∶35.3∶50.4。全省人均地区生产总值57 686元，比上年增长7.5%。非公经济增加值12 759.39亿元，增长7.8%，占全省地区生产总值比重为47.0%，比上年提高0.4个百分点。

1.4.4　四川省

2021年四川省全年地区生产总值（GDP）53 850.8亿元，按可比价格计算，比上年增长8.2%。其中，第一产业增加值5 661.9亿元，增长7.0%；第二产业增加值19 901.4亿元，增长7.4%；第三产业增加值28 287.5亿元，增长8.9%。三次产业对经济增长的贡献率分别为9.8%、33.0%和57.2%。三次产业结构由上年的11.5∶36.1∶52.4调整为10.5∶37.0∶52.5。分区域看，成都平原经济区地区生产总值32 927.8亿元，比上年增长8.5%，其中，环成都经济圈地区生产总值13 010.8亿元，增长8.4%；川南经济区地区生产总值8 761.0亿元，增长8.6%；川东北经济区地区生产总值8 230.2亿元，增长7.6%；攀西经济区地区生产总值3 035.1亿元，增长7.6%；川西北生态示范区地区生产总值896.7亿元，增长7.2%。

1.4.5　重庆市

2021年重庆市经济总量不断跃升，全年地区生产总值（GDP）27 894.02亿元，按可比价格计算，比上年增长8.3%，高于全国0.2个百分点。第一产业增加值增长 7.8%,第二产业增加值增长 7.3%,第三产业增加值增长 9.0%。非农产业占比为 93.1%,高于全国 0.4 个百分点。全市人均 GDP 达到 86 879 元,比上年增长 7.8%,较全国高 5 903 元。

1.4.6 湖北省

2021 年湖北省全年地区生产总值(GDP)为 50 012.94 亿元,按可比价格计算,比上年增长 12.9%。其中,第一产业增加值 4 661.67 亿元,增长 11.1%;第二产业增加值 18 952.90 亿元,增长 13.6%;第三产业增加值 26 398.37 亿元,增长 12.6%。三次产业结构由 2020 年的 9.6∶37.1∶53.3 调整为 9.3∶37.9∶52.8。在第三产业中,交通运输仓储和邮政业、批发和零售业、住宿和餐饮业、金融业、房地产业、其他服务业增加值分别增长 22.9%、18.3%、19.9%、4.5%、9.3%、12.4%。人均地区生产总值为 86 416 元,按可比价格计算,比上年增长 13.8%。

1.5 环境质量概况

1.5.1 青海省

根据 2022 年青海省生态环境状况公报,2022 年,青海省内长江、黄河、澜沧江流域及黑河、柴达木内陆河、青海湖流域共布设 99 个国控、省控水质监测断面,地表水水质整体优良。长江干流境内水质达到Ⅱ类,水质状况优。黄河干流境内水质达到Ⅱ类,水质状况优。澜沧江干流境内水质达到Ⅱ类,水质状况优。黑河干流境内水质达到Ⅱ类,水质状况优。湟水流域湟水干流和主要支流 25 个国控、省控监测断面,Ⅰ～Ⅲ类占 100%,水质状况优良。柴达木内陆河流域巴音河、格尔木河、察汗乌苏河、都兰河、鱼卡河和香日德河 6 条河流和可鲁克湖 11 个监测断面水质达到Ⅱ类及以上,水质状况优。青海湖流域主要入湖河流布哈河、沙柳河、哈尔盖河、黑马河监测断面水质达到Ⅱ类及以上,水质状况优。

1.5.2 西藏自治区

根据 2022 年西藏自治区生态环境状况公报,2022 年,西藏自治区主要江河、湖泊水质整体保持优良,达到国家规定相应水域的环境质量标准。澜沧江、金沙江、雅鲁藏布江、怒江干流水质达到Ⅱ类标准;拉萨河、年楚河、尼洋河等流经重要城镇的河流水质达到Ⅱ类标准；发源于珠穆朗玛峰的绒布河水质达到Ⅰ类标准。色林错、班公错、普莫雍错、羊卓雍错、纳木错和佩枯错湖泊水质均达到Ⅲ类以上标准。全区七地（市）行署（人民政府）所在地城镇19个集中式生活饮用水水源地水质均达到Ⅲ类标准。

1.5.3　云南省

根据2022年云南省生态环境状况公报，2022年云南省河流总体水质为优。红河水系、澜沧江水系、怒江水系、伊洛瓦底江水系水质优；长江水系、珠江水系水质良好。六大水系主要河流受污染程度由大到小排序依次为：珠江水系、长江水系、澜沧江水系、红河水系、怒江水系、伊洛瓦底江水系。

全省开展监测的219条主要河流（河段）的389个国控、省控断面中，352个断面水质优良（Ⅲ类标准及以上），占比90.5%，其中272个达到Ⅰ~Ⅱ类标准，水质优；5个断面劣于Ⅴ类标准，属重度污染，占比1.3%。

1.5.4　四川省

根据2022年四川省生态环境状况公报，2022年四川省地表水水质总体优。343个地表水监测断面中，Ⅰ~Ⅱ类水质优断面248个，占比为72.3%；Ⅲ类水质良好断面93个，占比为27.1%；Ⅳ类水质断面2个，占比为0.6%，为大陆溪四明水厂、坛罐窑河白鹤桥，污染指标为高锰酸盐指数（COD_{Mn}）、化学需氧量（COD）；无Ⅴ类、劣Ⅴ类水质断面。

长江（金沙江）流域水质总体为优。52个断面中，Ⅰ~Ⅱ类水质优断面44个，占84.6%；Ⅲ类水质良好断面7个，占13.5%；Ⅳ类水质断面1个，占1.9%，主要污染指标为高锰酸盐指数。

四川省共监测14个湖库，泸沽湖为Ⅰ类，邛海、二滩水库、黑龙滩水库、紫坪铺水库、瀑布沟、三岔湖、双溪水库、沉抗水库、升钟水库、白龙湖、葫芦口水库为Ⅱ类，水质优；老鹰水库、鲁班水库为Ⅲ类，水质良好。与上年相比，瀑布沟略有好转，其余湖库水质无明显变化。全省14个湖库中，邛海、泸沽湖、二滩水库、紫坪铺水库为贫营养，黑龙滩水库、瀑布沟、老鹰水库、三岔湖、双溪水库、沉抗水库、鲁班水库、升钟水库、白龙湖、葫芦口水库为中营养。

1.5.5　重庆市

根据2022年重庆市生态环境状况公报，2022年重庆市地表水总体水质为优。238 个监测断面中,Ⅰ~Ⅲ类水质的断面比例为 95.4%,水质满足水域功能要求的断面比例为 97.9%。74 个国控考核断面水质优良比例为98.6%,高于国家考核目标 1.3 个百分点。

长江干流重庆段水质为优,20 个监测断面水质均为Ⅱ类。

长江支流(重庆片)总体水质为优,122 条河流布设的 218 个监测断面中,Ⅰ~Ⅲ类水质的断面比例为 95.0%;水质满足水域功能要求的断面占97.7%。其中,嘉陵江流域 51 个监测断面中,Ⅰ~Ⅲ类水质断面比例为86.3%;乌江流域 29 个监测断面均达到或优于Ⅱ类水质。

1.5.6 湖北省

"十四五"时期,全省布设省控河流监测断面 275 个、湖泊 24 个(29 个水域)、水库 22 座,共计断面(水域)326 个。2022 年,湖北省 326 个省控监测断面(水域)总体水质为优。其中水质为Ⅰ~Ⅲ类的断面占 90.5%(Ⅰ类占8.6%、Ⅱ类占 55.2%、Ⅲ类占 26.7%),Ⅳ类断面占 7.0%,Ⅴ类断面占2.5%,无劣Ⅴ类断面。与 2021 年相比,Ⅰ~Ⅲ类水质断面比例上升 1.8 个百分点,劣Ⅴ类断面比例下降 0.3 个百分点。

湖北省区域内长江干流总体水质为优,20 个监测断面水质均为Ⅱ类。与2021 年相比,长江干流总体水质保持稳定。汉江干流总体水质为优,18 个监测断面水质均为Ⅱ类。与 2021 年相比,汉江干流总体水质保持稳定。长江支流总体水质为优,171 个监测断面中,水质为Ⅰ~Ⅲ类的断面占 96.5%(Ⅰ类占 7.0%、Ⅱ类占 59.7%、Ⅲ类占 29.8%),Ⅳ类断面占 2.3%,Ⅴ类断面占1.2%,无劣Ⅴ类断面。与 2021 年相比,长江支流总体水质保持稳定,Ⅰ~Ⅲ类断面比例上升 2.9 个百分点,劣Ⅴ类断面比例下降 0.6 个百分点。21 个断面水质好转,13 个断面水质下降,137 个断面水质保持稳定。2022 年三峡库区干流及支流总体水质为优,17 个监测断面水质均为Ⅱ类。与 2021 年相比,泗湘溪断面水质有所提升,神农洞断面水质有所下降,其他断面无明显变化。

1.6 长江上游浮游植物监测概况

长江上游是长江流域重要的生态安全屏障和水源涵养地,是我国重要的水电基地和战略水资源储备库,承载着西部大开发和长江经济带等重大国家战略。抓好长江上游生态大保护,筑牢长江上游重要生态安全屏障,是长江经济带高质量发展的前提。

水生态监测是水生态评价和考核的重要基础,是生态大保护的重要支撑。随着水生态环境保护向水资源、水生态、水环境等流域要素系统治理、统筹推进转变,水生态监测的重要性和必要性日益凸显。浮游植物是重要的水生生物类群,浮游植物监测是水生态监测的重要部分。

2008年,水利部就明确将水生态监测列入"水功能区、省界水体及取退水水质监督管理"和"水质监测"等经常性业务工作。2009年,水利部水文局印发了《关于开展2009年藻类试点监测工作的通知》(水文质〔2009〕68号),确定了藻类试点监测工作的实施方案,制定了《全国重点湖库藻类试点监测技术规程》等文件,推进藻类试点监测工作。

2010年,水利部印发《河流健康评估指标、标准与方法(1.0版)》等文件,正式启动全国范围内河湖健康评估试点工作,浮游植物等水生态监测与健康评价成为工作重点。

2013年,水利部水文局印发了《关于确定北京市、长江流域和济南市为全国水文系统水生态监测示范市、试点流域和试点市的通知》(水文质〔2013〕73号),确定了长江流域为我国水生态监测示范试点区域。

近年来,党中央、国务院高度重视生态文明建设,一系列重大决策部署先后出台,推动生态文明建设取得了重大进展和积极成效,水生态监测工作也得到大力推进。

2021年,水利部办公厅印发了《水利部办公厅关于组织开展水生态监测工作的通知》(办水文〔2021〕90号)(以下简称《通知》)和《全国部分水域水生态监测工作方案(讨论稿)》,在全国200余个水域组织开展了水生态监测工作,积累了宝贵的监测数据和基础资料。

2022年,水利部办公厅印发了《水利部办公厅关于持续推进水生态监测工作的通知》,并根据前期水生态监测试点工作成果,进一步完善了《全国重点水域水生态监测工作方案(试行)》。要求各单位围绕大江大河和重要湖泊湿地生态保护治理、生物多样性保护、生态流量保障、河湖健康评价、生态系统保护成效监测评估、流域水库生态调度、水利工程过鱼设施设计与建设、河湖水系连通与生态修复、供水安全保障等工作需求,继续加强辖区内生态敏感水域的水生态监测工作。

目前,水体富营养化问题已成为国内水体的主要问题之一,尤其是湖泊和水库等水体。长江上游地区分布有长江三峡水库、金沙江向家坝、溪洛渡、白鹤滩、乌东德等大型梯级水库,是我国水资源和水电能源战略重地。一方面,这些大型梯级水库自蓄水以来,在防洪、发电、供水、生态、航运等方面,发挥了重要的综合效益;另一方面,蓄水以来,部分库区支流和库湾局部水域的富营养化进程明显加快,存在水华风险,这带来了一些生态问题,对库区水资源的利用产生了较大影响。此外,赤水河、泸沽湖、邛海等一些生态敏感区域的生态现状及发展趋势,也受到较多的关注。

长江委水文上游局自 2013 年以来,积极谋划探索,先后在长江上游干流重庆段,三峡库区小江、大宁河、赤水河、酉水河等多条长江上游支流,金沙江向家坝库区、溪洛渡库区,以及区域典型敏感水域如泸沽湖、邛海等重点区域开展了浮游植物等生物类群的水生态监测试点工作,取得了宝贵的监测资料,用于河湖健康评价、幸福河流建设成效评价、流域水库生态调度、供水安全保障等工作,有效支撑了区域水资源水环境水生态监测管理工作,其主要研究区域位置示意图如图 1.6-1 所示。

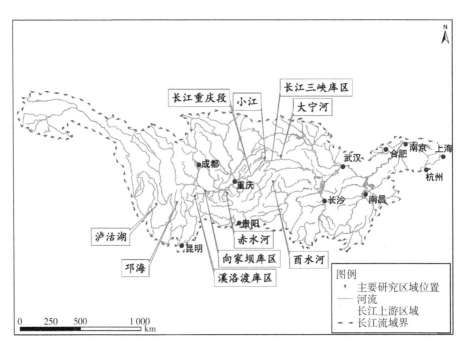

图 1.6-1　主要研究区域位置示意图

第2章

浮游植物的概念及生态地位

2.1　浮游植物的概念

浮游植物（phytoplankton）是一个生态学概念，而非分类学概念，它通常是指悬浮生活在水中、完全没有或者游泳能力微弱、不足以抗拒水的流动力，营浮游生活；具有叶绿素，能利用光合作用合成有机物；没有真正根、茎、叶分化的低等植物，也称浮游藻类，不包括细菌和其他植物。

全世界藻类植物约有 40 000 种，其中，淡水藻类有 25 000 种左右。中国已发现的（包括已报道的和已鉴定但未报道的）淡水藻类约 9 000 种。在水中生活的藻类，有的浮游于水中，即浮游藻类，这也是本书关注的对象；也有的固着于水中岩石上或附着于其他植物体上，即着生藻类。内陆水体中浮游植物主要涉及蓝藻门、硅藻门、金藻门、黄藻门、甲藻门、隐藻门、裸藻门和绿藻门等 8 大门类。

2.2　形态结构

浮游植物个体大小各异，有的较大，常大于 1 mm，肉眼可见，如团藻等，而大部分浮游植物个体较小，有的甚至不到 1 μm，通常需要借助显微镜等工具进行观察。

浮游植物形态多样，有单细胞体、群体和多细胞体等。单细胞体有球形、椭球形、纺锤形、圆柱形、舟形、纤维形、月牙形、针形等；群体细胞通常由单细胞个体聚集成群，常有球状、团状、片状、丝状、树枝状、不规则形状等。

浮游植物的细胞结构分为细胞壁和原生质体两部分。

细胞壁:大多数种类有细胞壁,而裸藻、隐藻、少数甲藻和金藻没有。具有细胞壁的种类,形状较为稳定;不具细胞壁的种类,较易变形。不具细胞壁的类型又可分为两类:一类藻体全部裸露,细胞活体时可以随时改变其形态;另一类藻体表层特化形成一层坚韧具有弹性的周质体(periplast,又称表质),这种藻体形态也较为稳定。

多数细胞壁是一个完整的整体,但硅藻细胞壁由两个"U"形节片套合而成、黄藻的细胞壁是由两个"H"形半片组合而成,而甲藻的细胞壁则是由许多小板片拼合组成。细胞壁的特点也是分类的重要依据之一。

从组分上看,细胞壁通常以内层纤维素和外层果胶质为主,有些种类则以硅质为主,例如硅藻。细胞壁通常坚韧而具有一定的形状,有的表面光滑,有的则有纹饰,或具有棘、刺、突起等。

原生质体:原生质体是细胞壁以内各种结构的总称,也是组成细胞的一个形态结构单位,活细胞中各种代谢活动均在此进行。浮游植物的原生质体包括细胞质(cytoplasm)、细胞核(nucleus),细胞质中有细胞器和贮存物质等,如色素体、蛋白核、淀粉、油滴等同化产物。此外,细胞许多浮游植物还有鞭毛等运动胞器,以及眼点等感光胞器。

2.3 繁殖方式

浮游植物的繁殖方式可分为营养生殖、无性生殖和有性生殖。不同浮游植物有不同的繁殖方式,同一种藻类在不同环境下也可能有不同的繁殖方式。浮游植物主要为营养生殖和无性生殖,有性生殖较少见,且不常发生。

2.3.1 营养生殖

营养生殖是一种不通过任何专门的生殖细胞来进行繁殖的方式,细胞分裂是最常见的一种营养生殖。在单细胞种类中,常通过细胞分裂繁殖,即由一个母细胞连同细胞壁均分为两个子细胞。分裂的方向,有的只有一个,有的则有两个或三个。在适宜的环境条件下,由这种方法增加个体是非常迅速的。在群体和多细胞体的藻类中,通过断裂繁殖,即一个植物体分割成为较小的群体或多细胞体。这种繁殖方法也和细胞分裂相似,但是细胞分裂后,子细胞不分离,而形成多细胞的大群体,群体破裂,可形成多个小群体。丝状体类型的藻类可以断裂成许多小段,形成藻殖段,再发育成一个丝状体。在环境良好时,通过这种繁殖方式,浮游植物细胞数量可迅速增长。

2.3.2　无性生殖

无性生殖是通过产生不同类型的孢子来进行生殖,即孢子生殖。孢子是在细胞内形成的,这与细胞分裂不同,先是核的分裂,随后为细胞质的分裂。核分裂的次数,各门藻类大体上是一定的。细胞质的分裂,有的是在细胞核都分裂完毕后才发生,有的是随着核的每次分裂而分裂,这样分裂的结果,在一个母细胞内形成 2 的倍数的小细胞,即是孢子,孢子离开母细胞后即成新个体。

产生孢子的母细胞叫孢子囊,孢子不需要结合,一个孢子可长成一个新的植物体。孢子的类型有许多,它们形态各异,有不动孢子(静孢子)、动孢子、厚壁孢子、休眠孢子、似亲孢子、内生孢子、外生孢子等。

2.3.3　有性生殖

有性生殖是通过专门的生殖细胞相结合,形成合子,然后再发育成新合体,或者由合子再形成孢子长成新个体的过程。进行有性生殖的细胞叫配子,产生配子的母细胞称为配子囊。有性生殖是由雄配子和雌配子结合成为一个合子。合子形成后,一般要经过休眠才发生成新个体。有些藻类,一个合子发生一个新个体,或经分裂发生多个新个体。

配子形成合子,有四种类型:

(1) 同配生殖。雌、雄配子的形态与大小都相同,即同形的配子相接合。

(2) 异配生殖。形态相似而大小不同的雌、雄配子接合。大的较不活动的为雌配子,小的较活动的为雄配子。

(3) 卵配生殖。雌、雄配子的形状、大小都不相同,卵(雌配子)较大,不能运动,精子(雄配子)小,有鞭毛,能运动。

(4) 接合生殖。接合生殖是静配子接合,即静配、同配生殖。它由两个成熟的细胞发生接合管相接合或由原来的部分细胞壁相结合,在接合处的细胞壁溶化,两个细胞或一个细胞的内含物,通过此溶化处在接合管中或进入一个细胞中相接合而成合子。接合生殖是绿藻门接合藻纲所特有的有性生殖方法,例如水绵属的接合生殖。

2.4　生态地位

浮游植物生活周期短,个体微小,数量众多,繁殖速度快,代谢速度旺盛,具有较强的适应能力,在绝大多数水环境生态条件下都有存活,且种类多、分布广,是水体生态系统中的生产者,其通过光合作用,固定太阳能,制造有机物,产生氧气,是浮游动物、鱼类和其他消费者的食物,处于食物链最底层,是水生态系统中物质循环、能量流动中的基础环节。在陆地上,绿色植物是主要的生产者,生态链以植被为基础,但是在水体中,浮游植物是主要的生产者之一。一个水生态系统基础能量金字塔包含生产者和初级消费者、次级消费者、高级消费者等,其示意图如图 2.4-1 所示。例如在海洋生态系统中,生态链就是以浮游植物为基础的,因此,海洋中的浮游植物也被称作"海洋牧草"。

浮游植物生产力的高低,常常决定了水生态系统生产力的高低。在养殖水体中,所谓"水肥""水瘦",主要指的就是浮游植物的种类和生物量。通常的养殖水体中,硅藻、绿藻等生物量较高,是水肥水好的表现,即水体生产力较高。而我们希望自然水体保持清洁,更希望浮游植物生物量处于相对较低的状态,至少不希望它们过度繁殖,对水质和水生态系统造成不良影响。

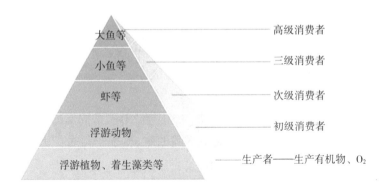

图 2.4-1　水生态系统基础能量金字塔示意图

由于位于水体食物链的第一环节,浮游植物种类和数量的变动与摄食它们的浮游动物和其他水生动物有着密切的关系。同时,外界的因素,特别是一些人为的因素对浮游植物带来的胁迫作用会导致浮游植物种群、群落的改变,并相应带来水生态系统的变化。

浮游植物的生长变化也可以对水体环境,尤其是水质产生较大影响。浮游植物的生长,对水体氮(N)、磷(P)等元素有较强的吸收作用,它们可以通过光合作用固定二氧化碳,释放氧气;同时也可以通过呼吸过程或死亡腐烂等过程,消耗氧气,释放二氧化碳;在一定条件下,浮游植物过度生长可能导致水质恶化,水体缺氧,水生生物窒息等不良后果,部分形成水华的浮游植物还可能产生毒素等代谢产物,对饮用水安全和人体健康构成严重威胁。

2.5　应用价值

2.5.1　渔业和工农业价值

正因为浮游植物生产者的基础性地位,其作为鱼、虾、蟹等水产品的天然饵料,具有不可替代的地位,浮游植物因此在天然渔业和水产养殖业中有广泛的应用。

例如,小球藻可以制成养殖饲料,投放到养殖水体中,供鱼虾食用。小球藻蛋白质含量高,可作为单细胞蛋白的一个重要来源,同时富含人和动物所必需的多种氨基酸、维生素等营养成分,而且它适应能力强,在淡水、海水中都能够快速生长。在水产养殖中,小球藻经常作为一种高营养天然饵料加以培养,或直接泼洒到养殖水体中,供滤食性的水生动物食用。同时,小球藻一定程度上可以提高水体溶解氧(DO),改善水体 pH 值,降低水体中氨氮、硝酸盐、亚硝酸盐含量,减少高浓度氨氮、亚硝酸盐氮的毒害作用。

而在农业方面,浮游植物可以作为肥料,或用于制造肥料。固氮蓝藻可以通过固氮作用,将大气中的氮气,固定成植物可利用的氮,用于生物体生长。这种固氮作用可以维持土壤的稳定结构和功能,为植物的生长提供养分。因此,固氮蓝藻可以开发成新式肥料,用于那些缺乏氮素的区域。尽管没有人为投放固氮蓝藻,但在一些农田里,有相当部分的氮通过这一过程被固定下来,节省了农药成本资源。

此外,在能源开发上,有科学家正在研究藻类代谢产物,用于生产生物柴油。许多藻类含有大量的油脂,经过育种和筛选,部分品种含油量可达较高水平。由于藻类的光合作用效率高,生长迅速,最多两周就可以完成一个生长周期。因此,藻类生物燃料的开发仍处于早期阶段,但潜力巨大。

2.5.2　食品和医药价值

事实上,作为直接的食物,紫菜、海带、地木耳、葛仙米等藻类很早就已经走上了人们的餐桌。许多藻类含有丰富的蛋白质、氨基酸、多糖、微量元素等成分,成为具有潜力的生物反应器。随着生产和培养技术的提高,很多藻类被培养、纯化,制作成饮料、蛋白制品、保健品等,走入人们的生活。例如,螺旋藻的蛋白质含量高,还含有 β-胡萝卜素和其他维生素,以及人体必需的大量矿物质元素。目前,螺旋藻已经得到了较好的开发,在国内外实现了大规模生产。螺旋藻的商业化养殖主要用于制作保健品、饮料、高档水产饲料以及提取藻蓝蛋白等。此外,虾青素作为一种高效的抗氧化剂,具有比类胡萝卜素及维生素 E 更高的抗氧化活性。而雨生红球藻被公认为自然界中生产天然虾青素的最好生物,因此,利用雨生红球藻提取虾青素具有广阔的发展前景,这已成为近年来国际上天然虾青素生产的研究热点。

2.5.3 用于环境监测

浮游植物在不同水体中的种类组成存在明显差异,种群结构和数量差异较大,对水文水动力条件,水质理化指标含量如水体温度、pH 值、电导率、营养盐浓度等的变化敏感。因此,浮游植物可以作为水环境状况的指示生物,可以直接反映河流的理化性质及对环境变化的响应,间接反映了对浮游动物以及鱼类的影响。

我国也有许多学者将浮游植物运用于河流水质、水体富营养化状况、河流健康等方面的研究中。蒙仁宪等早在 1988 年就将浮游植物运用于评价巢湖水质及富营养化状况,认为浮游藻类是环境营养状况最直接的反映者。张远等通过对浮游植物的变化研究总结出三峡水库蓄水对环境生物的影响。沈强等以藻类密度、藻类平均体重、藻类生物多样性指数、浮游动物/浮游植物、潜在产毒藻类丰度、不可食藻类密度比构建浮游植物完整性指数(P-IBI),用于评价浙江省 4 座大中型水库水源地富营养化及藻类水华的风险程度等水生态健康状况。这些评价结果与其他学者的调查结果及实地调查相对比,作者认为该评价结果能够准确反映实际情况,从而能够准确预测水质状况的发展趋势,具有一些常规水质分析方法所不具备的优势。

2.5.4 用于水环境治理

浮游植物与环境的作用是相互的,其受到环境因子的影响,同时可以改变其周围的生态环境。

浮游植物的生长繁殖过程,实际上是将水体中的 N、P 等营养元素转化成自身有机体的过程。因此,如果在可控的条件下,利用这一过程,则可以用于环境治理。

浮游植物在生长繁殖过程中吸收和消耗水体环境中的 N、P 等营养元素以及降解水中有机物,并且具有生长繁殖快、适应性强的特点。目前,利用高效藻类塘技术处理农村生活污水,以及治理自然水体,已经有一些应用。

第3章

浮游植物分类及常见种类简介

3.1 浮游植物分类

浮游植物在分类学上是复杂而多样的,根据不同的标准,有多种分类系统。常见的分类系统根据它们的形态,细胞核的构造和细胞壁的成分,色素体(chromatophore)的结构及所含色素的种类,贮藏营养物质的类别,鞭毛的有无、数目、着生位置和类型,生殖方式及生活史类型等进行分类。

一般内陆水体中浮游植物主要包括蓝藻门、绿藻门、硅藻门、甲藻门、隐藻门、裸藻门、金藻门、黄藻门等8个门类。下面是淡水浮游植物分门检索表。

淡水浮游植物分门检索表(引自章宗涉、黄祥飞)

1(2)细胞无色素体和核。色素直接分散在原生质中,大多呈蓝绿色,有时呈橄榄绿色、淡紫色、淡玫瑰色;贮藏物主要为蓝藻淀粉 ·············· 蓝藻门(Cyanophyta)

2(1)细胞具色素体和核,贮藏物不是蓝藻淀粉。

3(4)细胞有硅质的、由上下两瓣套合的壁(壳),壳上有左右对称或辐射对称的花纹 ·············· ·············· 硅藻门(Bacillariophyta)

4(3)细胞壁无上述构造。

5(8)营养细胞或动孢子具横沟或纵沟或仅具纵沟,有背腹之分。

6(7)无细胞壁或细胞壁由一定数目的板片组成 ·············· 甲藻门(Pyrrophyta)

7(6)无细胞壁或细胞壁不具板片,鞭毛多为偏顶生 ·············· 隐藻门(Cryptophyta)

8(5)营养细胞或动孢子不具横沟和纵沟,无背腹之分。

9(12)色素体呈绿色,很少为无色或灰色;贮藏物质为淀粉或裸藻淀粉。

10(11)贮藏物质为淀粉;植物体的体型多种多样:单细胞、群体、丝状或薄壁组织状;运动的营养细胞或动孢子具2条(少数具4条或8条)等长的鞭毛 ·············· 绿藻门(Chlorophyta)

11(10)贮藏物质为裸藻淀粉;植物体多为单细胞,少数为群体。色素体呈绿色,有时无色;运动细胞多具顶生鞭毛 1 条(极少数有 2 条或 3 条) ·················· 裸藻门(Euglenophyta)

12(9)色素体呈黄绿色、金褐色或淡棕黄色;贮藏物质为白糖素或油。呈单细胞或群体;运动细胞
具 1,2,3 条等长或不等长的鞭毛。

13(14)色素体呈金褐色或淡棕黄色;细胞大多裸露,有时具鳞片、小刺或囊壳;细胞或群体;运动
细胞具 1 或 2 条等长或不等长的鞭毛,罕见具 3 条鞭毛或具伪足 ·················
··· 金藻门(Chrysophyta)

14(13)色素体呈黄绿色;植物体单细胞、群体或丝状;运动细胞具 2 条不等长的鞭毛;单细胞或群
体种类的细胞壁常由两瓣套合而成;丝状种类的细胞壁由两个"H"形的节片组成;不具花
纹 ··· 黄藻门(Xanthophyta)

3.2 常见种类简介

浮游植物种类繁多,其种类在内陆水体和海洋水体明显有所差异。长江
上游地区水体中常常检出硅藻门、绿藻门、蓝藻门、甲藻门、隐藻门和裸藻门
的种类,而较少检出金藻门、黄藻门的种类。

蓝藻门常见种类有微囊藻属、颤藻属、长孢藻属等;绿藻门常见种类有衣
藻属、空球藻属、实球藻属、团藻属、水绵属等;硅藻门常见种类有小环藻属、
直链藻属、针杆藻属、星杆藻属、菱形藻属等;甲藻门常见种类有角甲藻属、多
甲藻属、拟多甲藻属等;隐藻门常见种类有蓝隐藻属、隐藻属等;裸藻门常见
种类有裸藻属、扁裸藻属等;金藻门常见种类有锥囊藻属等;黄藻门常见种类
有黄管藻属、黄丝藻属等。

3.2.1 蓝藻门

蓝藻是最简单、最原始的浮游植物类群,又称蓝细菌。蓝藻属于原核生
物,无成型细胞核,原生质体分化成周质和中央区,中央区含有 DNA,无核膜
和核仁。周质中无色素体等细胞器,但有光合片层,含有叶绿素 a、叶黄素和
藻蓝素,故植物体常呈蓝绿色,也有的还含有藻红素而呈红色等颜色。其形
态为单细胞、群体或丝状体。蓝藻的繁殖方式有营养繁殖和无性繁殖两类,
未见有性生殖。营养繁殖包括细胞直接分裂(即裂殖)、群体破裂和丝状体产
生藻殖段等几种方法。单细胞类型的蓝藻是细胞分裂后,子细胞立即分离,
形成单细胞。群体类型的蓝藻是细胞反复分裂后,子细胞不分离,而形成多
细胞的大群体,群体破裂,形成多个小群体。丝状体类型的蓝藻是以形成藻
殖段的方法繁殖。无性繁殖则主要是某些蓝藻产生内生孢子或外生孢子等
进行的繁殖。蓝藻没有鞭毛,通常会形成丝状体或其他类型群体生活,外裹
胶质。

蓝藻常具有异形胞、伪空胞等结构,可以进行固氮作用或进行上浮下潜运动,增强了其适应性。其细胞直径多在 4~6.5 μm,大多数蓝藻的细胞壁外面有胶质衣,蓝藻细胞通过细胞外胶质衣互相连接形成直径在 40~1 000 μm 蓝藻多细胞群体,这些蓝藻多细胞群体在温暖的季节里大量繁殖并依托"伪空泡"从水中快速上浮至水表面,在水流及风生流的作用下,可在局部湖区聚集形成一层蓝绿色而有腥臭味的浮沫,称为"蓝藻水华"。

蓝藻喜高温、强光和相对静止的淡水环境,在富营养化的水体中经常出现,但是部分种类,在中营养甚至贫营养等级的水体中也有出现,甚至形成水华。当夏季水温高达 25~35℃,阳光充足时,即达到了蓝藻生长的最佳环境,所以一般在夏季的 7、8 月是蓝藻暴发的季节。在早春天水温较低,蓝藻暴发的概率小。但在 3—4 月,天气持续晴好,部分库区水流缓慢,也可能出现蓝藻快速繁殖的现象;进入夏季后,遇到天气晴朗、无风、光照强的气候,在相对静止的湖泊、水库等水体就可能出现蓝藻水华问题。而对于流速较快的河道,虽然水体严重富营养化,但由于水体流动性充裕,蓝藻生物量不高,一般不会大规模暴发。

蓝藻在自然界中广泛分布,适应性强,在各种水体中都能生长,常见的种类有微囊藻、颤藻等。

1. 微囊藻属

微囊藻属是蓝藻门蓝藻纲色球藻目色球藻科的一属(图 3.2-1)。它由多数细胞组成,群体为近球形、椭圆形、不规则形和穿孔状。有的群体胶被明显,均匀无色,有的群体胶被不明显。群体内细胞球形、长圆形、无规则形紧密排列,有时互相挤压而出现棱角,无个体胶被。细胞呈淡蓝色、亮蓝绿色、橄榄绿色,常有伪空泡,属于自养型单细胞藻类,以细胞分裂进行繁殖。

微囊藻属分布极广,亚热带、热带地区的湖泊、池塘等水体中均有出现,其在温暖季节的富营养水体中繁殖最快。大量滋生时,形成砂絮状水华,使水呈灰绿色;当形成强烈水华时,常被风浪吹动而堆集在一起,好像在水面盖上一层厚厚的油漆,人们称它为"湖靛"。水华的形成与温度、光照、水体的富营养化程度、水体的流动性等因素有关,常见的微囊藻水华有铜绿微囊藻、水华微囊藻,它们是世界性的普生种。

微囊藻是最常见的水华蓝藻之一,其发生频率较高,对水生态系统影响较严重,受到广泛关注。

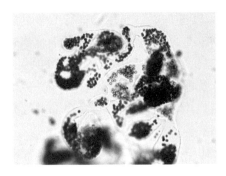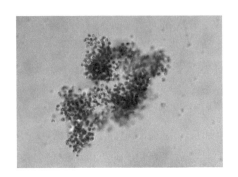

图 3.2-1　微囊藻属

2. 颤藻属

颤藻属是蓝藻门蓝藻纲颤藻目颤藻科的一属(图 3.2-2)。颤藻是不分支的单条丝状体,丝外无胶质鞘或只具极薄的胶质鞘。细胞呈扁圆柱形,两端呈圆形或帽状,细胞的原生质均匀,伪空泡较少,无异形胞;以藻殖段体进行繁殖;能自发颤动、滚动、滑动,其因此而得名,颤藻在内陆水体中分布很广泛,有时能形成水华。发生水华时,大量颤藻悬浮于水体中,水色蓝绿到灰绿,个别种类则引起水体呈黄褐色或红色,水体会散发腥味、霉臭以及腐败臭味,水质受到影响。颤藻通常作为水质污染的指示生物,也有些颤藻喜生活在污水中,可以作为净化污水的材料。

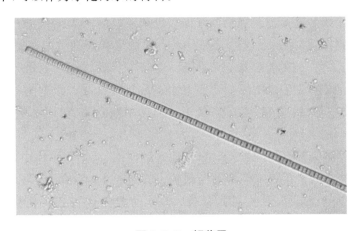

图 3.2-2　颤藻属

3. 长孢藻属(鱼腥藻属)

长孢藻属是蓝藻门蓝藻纲念珠藻目念珠藻科的一属(图 3.2-3)。其藻丝单独浮游或由丝状体黏结组成不定形胶质块,藻丝等粗或两端稍细,以直、圆、螺旋形或不规则绕转,具有异形胞,异形胞是由营养细胞变态形成的,成熟的异形胞原生质消失,呈透明状,且细胞壁增厚,异形胞主要是作为固氮作用的场所。异形胞两端各有一个球状物,称为极节球。异形胞的位置有两种:端生(在丝状体两端)和间生(在丝状体中间),端生或间生作为分类的依据。鱼腥藻异形胞间位,衣鞘水化不明显;具厚壁孢子、比营养细胞大;细胞内含物均匀、颗粒状、有很多伪空泡、有固氮作用,可被鱼类消化,大量繁殖可形成"水华",鱼腥藻会产生土臭素,使水体散发异味。

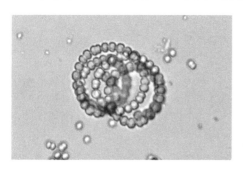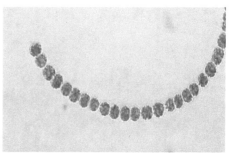

图 3.2-3　长孢藻属

值得注意的是,长孢藻属是从原鱼腥藻属分离出来的新属。2009 年 Wacklin 等人根据 DNA 序列和分子生物学系统证据,研究人员将具有气囊的浮游性的鱼腥藻,从鱼腥藻属分离出来,形成独立的新属,细胞无气囊结构的丝状蓝藻依然作为鱼腥藻属。本工作则依据经典的分类,未对两者进行严格细致的区分。

3.2.2　隐藻门

隐藻为单细胞,无细胞壁或细胞壁不具板片,多数不具细胞壁。多数种类具有鞭毛,能运动,细胞呈长椭圆形或卵形,前端较宽,钝角或斜向平截,有背腹之分,具 2 条鞭毛。腹面有纵沟,纵沟前端通常有两根不等长鞭毛发出,鞭毛长度一般不超过体长,黄褐色,背部隆起呈豆形,细胞核位于细胞后端,伸缩泡 1 个,位于细胞前端。内含色素体 1~2 个,大型叶状。

隐藻门种类不多,对温度、光照适应性强,喜有机物、营养盐丰富的水体,在海水、一般湖泊水库中均有分布。在养殖水体中,隐藻是池塘水肥、水活、水好的标志。但在自然水体中过度繁殖也会引起水华,隐藻水华会使得水色呈酱红色。常见的种类有隐藻属、蓝隐藻属等。

1. 隐藻属

隐藻属是隐藻门隐藻纲隐鞭藻科的一属(图 3.2-4)。其细胞呈椭圆形、豆形、卵形、圆锥形、S形等。背腹扁平,背侧明显隆起,腹侧平直或略凹入,前端钝圆或斜截,后端呈宽或狭的钝圆形。纵沟和口沟明显,鞭毛2条,略不等长,自口沟伸出,常小于细胞长度。色素体多为2个,有时1个,黄绿色或黄褐色,或有时为红色。细胞核1个,位于细胞后端,常见有卵形隐藻和啮蚀隐藻。两者的区别是前者细胞后端规则,呈宽圆形,纵沟明显,后者细胞后端大多渐细,纵沟常不明显。

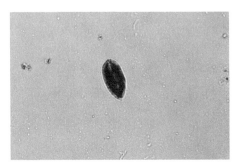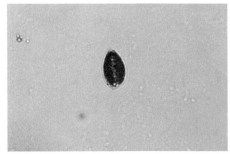

图 3.2-4 隐藻属

2. 蓝隐藻属

蓝隐藻属是隐藻门隐藻纲隐鞭藻科的一属。其细胞呈长卵形、椭圆形、近球形、圆柱形或纺锤形。前端斜截或平直,先端钝圆或渐尖,背腹扁平,2条鞭毛不等长。纵沟或口沟常不明显。色素体呈蓝色到蓝绿色,细胞核1个,位于细胞下半部。常见是尖尾蓝隐藻,细胞后短端尖,色素体1个。

3.2.3 甲藻门

甲藻又称双鞭虫藻,在海洋中又被称为双鞭甲藻,被认为是介于动植物之间的原始的单细胞生物。甲藻多数种类是单细胞,少数种类是球胞型或丝状体。细胞通常呈球形到针形,背腹扁平或左右侧扁。多数种类有细胞壁,少数种类细胞裸露。可分为纵裂甲藻亚纲和横裂甲藻亚纲。纵裂甲藻由左、右2个半片组成,无纵沟和横沟。横裂甲藻的细胞壁由多个小板片组成,具纵沟和横沟。甲藻具有2条鞭毛,分别在表面纵沟、横沟内,可调节拟多甲藻的水平运动和垂直运动,甲藻具有昼夜垂直迁移的能力和特性。

该门藻类植物少数种类为丝状体或由单细胞连成的各种群体。该类细胞具有含有纤维素的细胞壁,少数种类的细胞裸露没有细胞壁。细胞壁由多个具角、刺茸或突起的板片组成。藻体含叶绿素、胡萝卜素和藻黄素,呈黄绿色、棕黄色或红褐色,少数种类无色。该门藻类植物贮藏的食物是淀粉和脂肪。甲藻的繁殖以细胞分裂为主,有些种类能产生游动孢子(zoospore)、不动孢子或厚壁休眠孢子;有性生殖仅在少数种类中发现。

某些甲藻在遭遇不良环境时会形成孢囊,以度过困难时期,待条件适宜时重新萌发。孢囊没有鞭毛且不再游动,下沉至水底,现有对孢囊的研究,均是采用分析水底表层沉积物的方式。现有研究结果表明,孢囊存在暂时性孢囊和休眠孢囊,暂时性孢囊于不良环境中形成并能在该环境条件下较长时间存活,遇到适宜的条件重新萌发。休眠孢囊也需要在适宜的环境中萌发,但它属于甲藻有性生殖形成的二倍体休眠合子,有一段强制休眠期,休眠期内无论环境如何均无法萌发。按照甲藻营养类型的不同可将孢囊分为异养型孢囊和自养型孢囊,异养型甲藻一般细胞密度低于自养型甲藻,然而当水体富营养化加剧时异养型甲藻比例会升高,水体富营养化的变化同样会体现在异养型孢囊的数量上,这是分析水体富营养化的标志之一。

甲藻分布十分广泛,在海洋、淡水均有分布,多数种类分布于海洋,是形成赤潮的主要生物,淡水中甲藻种类较少,但在春秋两季生长旺盛,也易形成水华,在三峡库区部分支流有发生甲藻水华的记录。内陆水体中常见的种类有角甲藻属、多甲藻属、拟多甲藻属等。

1. 角甲藻属

角甲藻属是甲藻门甲藻纲多甲藻目角甲藻科的一属(图 3.2-5)。其为单个细胞个体或连成链状群体,其外有甲片,细胞有角状突起,顶部 1 个,称为顶角,下锥部为 2~3 个,称为底角。有些种类只有 1 个发达的底角。这种角突起是呈放射状排列的,横沟在细胞中部,角突起长短及数目有季节变化,分为冬型(2 个底角)和夏型(3 个底角)。飞燕角甲藻分布极广,其大量繁殖形成红褐色或棕褐色水华,常成团分布,呈云彩状。

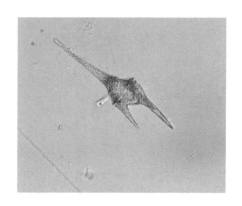 

图 3.2-5　角甲藻属(角甲藻及角甲藻水华样品)

2. 多甲藻属

多甲藻属是甲藻门甲藻纲多甲藻目多甲藻科的一属。多甲藻属海水种类多,淡水种类较少。淡水种类细胞常为球形、椭圆形至卵形,背侧明显凸出,腹侧平直或凹入。纵沟、横沟显著,多数种类横沟位于细胞中间略偏下的部位,多为环状,有的为螺旋形,有的略伸向上锥部,有的仅限于下锥部,有的达下锥部末端,板片光滑或具有纹饰。色素体为颗粒状,多数呈黄绿色、黄褐色或红褐色。

3. 拟多甲藻属

拟多甲藻属是甲藻门甲藻纲多甲藻目多甲藻科的一属(图 3.2-6)。拟多甲藻为单细胞有甲藻类,细胞呈五边形、球形或椭圆形,表面具有横沟、纵沟,顶端具孔,部分种类壳板边缘末端具细刺,甲板表面光滑或具点状、刺状、齿状突起或翼状纹饰,大部分具叶绿体。

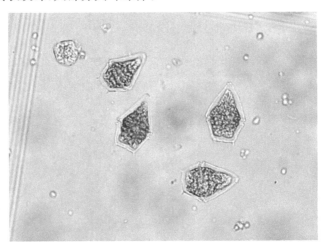

图 3.2-6　拟多甲藻属

拟多甲藻有两条鞭毛,分别在表面纵沟、横沟内,可调节拟多甲藻的水平运动和垂直运动。发生拟多甲藻水华时,能观察到甲藻的昼夜垂直迁移现象,拟多甲藻水华呈现酱油色,发生拟多甲藻水华的水域颜色上午会逐渐加深,下午其表观颜色则会逐渐变淡,晚上水体表面基本无颜色,表明拟多甲藻族群会在白天向上迁移至水体表面,晚上则会迁移至水下。有研究认为,这种现象是由于拟多甲藻的趋光性,拟多甲藻上下迁移,是为了选择最佳环境栖息。

3.2.4　硅藻门

硅藻是一类细胞壁富含硅质,硅质壁上具有硅质花纹的单细胞藻类,但其也常以多种方式形成各式各样的群体。其细胞结构与其他藻类有明显区别:一是细胞壁由两个似培养皿的半壁套合而成;二是细胞壁的成分高度硅质化,并形成有物种特征性的各种结构。

硅藻细胞壁无色透明,外层为硅质,内层为果胶质。硅藻具有丰富的种类和形状,有舟形、桥弯形、卵形、菱形、长方形、楔形等,可根据硅藻的壳面和带面形状不同对硅藻进行甄别。硅藻表面并非光滑,而是具有鱼鳞状、环状、领状的花纹,这些花纹是对硅藻进行分类的依据之一。除此之外,硅藻细胞表面还有不同类型的表面突出物:突起、刺状、毛状、胶质线等。这些突出物有增加浮力和相互连接的作用(图 3.2-7)。

硅藻细胞内有 1 个到数个色素体,色素体中通常含有叶绿素 a、叶绿素 c_1、胡萝卜素、δ-胡萝卜素、ε-胡萝卜素、硅甲藻素、硅黄素和岩藻黄素等,以及同化产物(贮藏物质)金藻昆布糖、油和异染小粒等。

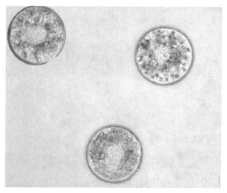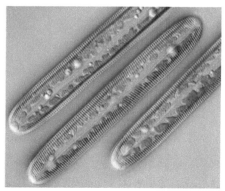

图 3.2-7　硅藻门代表:小环藻属和羽纹藻属

　　硅藻主要的繁殖方式有营养繁殖、无性生殖和有性生殖。其中，营养繁殖是硅藻最为常见的一种繁殖方式，分裂开始，原生质开始增大，后续细胞核、原生质体分裂，母细胞上下壳逐渐分开，在原来的壳里，各产生一个新的下壳。分裂之后，盒面和盒底分别名为上、下壳面。壳面弯伸部分名为壳套。上下壳套向中间伸展部分，称为相连带。

　　硅藻细胞壁富含硅质，难以随个体营养持续长大，营养繁殖连续分裂会使得硅藻个体逐渐变小。当营养繁殖的个体多次分裂，细胞缩小到一定程度，不再继续分裂，而是产生一种孢子，以恢复正常的大小，这种孢子即为复大孢子，使用此类繁殖方式较为典型的藻类有直链藻等。

　　硅藻的生长速率在15～25℃达到最大，低于10℃时，其生长速率缓慢，在30℃高温下开始抑制细胞的生长。此外，硅藻更适宜在低水平流速的水体流域生长，流速过大会抑制硅藻的生长和繁殖。硅是硅藻生长所必需的元素，硅藻细胞壁的形成离不开硅元素。水体中硅元素浓度与硅藻密度呈显著相关性，硅元素含量较高还可能促进硅藻在早春成为优势藻种。此外，硅藻对水体 pH 值的反应很敏感。水体中的 pH 值会影响硅藻种群结构，也是影响硅藻很多代谢过程的重要因子。

　　硅藻水华较常见于河流，相比绿藻、蓝藻、甲藻水华，出现的频率较低，还伴随其他种类水华现象。一些报道表明，湖泊硅藻水华和水流缓慢的河流硅藻水华优势种取向以中心纲为主的硅藻，中心纲硅藻花纹呈同心的放射状排列，不具壳缝或假壳缝，主要有直链藻、小环藻、圆筛藻、根管藻等。而水流较大的河流中一般硅藻总生物量不大，以羽纹纲为主，羽纹纲硅藻花纹左右对称，呈羽状排列，具壳缝或假壳缝，主要有舟形藻、脆杆藻、等片藻等。与传统水华一样，硅藻水华的出现与营养、气候、水文条件分不开，当营养盐浓度、温度适宜，流速小、水位低时，易发生水华，通常发生硅藻水华种类的是小环藻、冠盘藻这类中心纲硅藻。

　　硅藻在海水、淡水中均有大量分布。常见的硅藻有小环藻、直链藻、针杆藻、星杆藻等。

　　1. 小环藻属

　　小环藻属是硅藻门中心纲圆筛藻目圆筛藻科的一属（图 3.2-8）。小环藻多为单细胞生活，很少以壳面相连形成短链群体（如 2～3 个细胞），细胞呈圆盘形或者短圆柱状，壳面花纹分外围和中央区，外围有向中心伸入的肋纹，肋纹有宽有窄，少数呈点条状。中央区平滑无纹或具向心排列的不同花纹，壳面平直或有波状起伏，或中央部分向外鼓起，常见淡水小环藻种类有梅尼小环藻等。

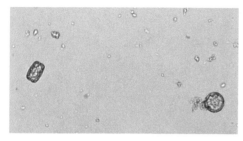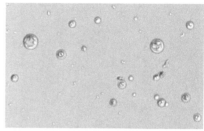

图 3.2-8 小环藻属

2. 直链藻属

直链藻属是硅藻门中心纲圆筛藻目圆筛藻科的一属(图 3.2-9)。单细胞,圆柱形,常由壳面相连成链状,壳面圆形;细胞壁一般较厚,有点纹或孔纹。有的种类相连带上有一线形的环状缢缩,称环沟,又称横沟,两细胞之间的沟状缢入部分称假环沟。细胞与细胞间用节刺互相嵌入,因此在细胞断裂的地方可看到有刺(有的无)。有的种类壳面具棘或刺,有的种类具龙骨突。

直链藻属生长在透明度较高的池塘、沟渠、浅水湖泊及水流缓慢的溪流中,早春和晚秋生长旺盛。内陆水体中常见直链藻如颗粒直链藻、变异直链藻等。

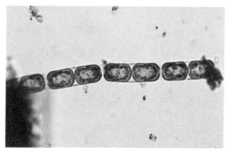
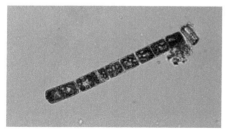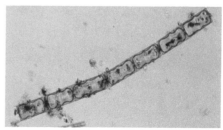

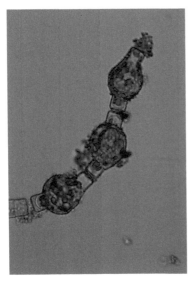
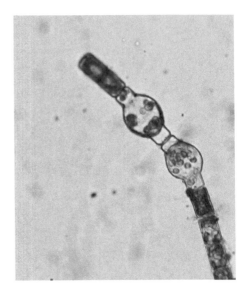

图 3.2-9　直链藻属

3. 水链藻属

　　水链藻属是硅藻门中心纲盒形藻目盒形藻科的一属(图 3.2-10)。其细胞壳体呈长盒形,常常以胶质连成疏散的丝状群体。细胞个体较大,长 60～90 μm,宽 50～60 μm。其带面呈长柱形,边缘呈现一定的波曲,壳套明显并具 4 个环带,环带上具平行排列的线纹。壳面呈三角形,从各边缘中部各伸出 1 个角隅,形似六角形,或角隅末端呈钝圆至截形,每个角隅基部具内生假隔,壳面有形状不规则的、大小相间排列的网孔,在角隅(角突)上的网孔细而与壳面网孔区分,称为假眼斑。色素体小颗粒状,多数。

　　水链藻属多为海水或半咸水生,也有淡水生,在淡水河流、山溪地区较为常见。在长江上游地区,四川、云南、贵州、重庆段,溪洛渡、向家坝库区、三峡库区干支流,赤水河等水域均有发现。

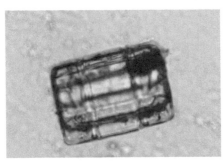
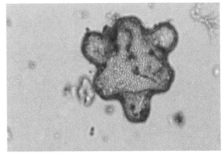

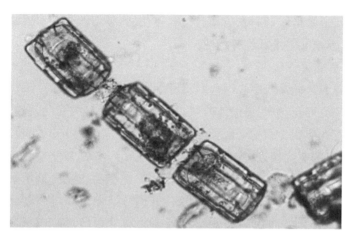

图 3.2-10　水链藻属(黄埔水链藻)的带面观、壳面观和链状群体

4. 侧链藻属

侧链藻属是硅藻门中心纲盒形藻目角盘藻科的一属(图 3.2-11)。细胞圆柱形或近圆柱形,相邻细胞通过眼纹斑分泌的胶质垫连成"之"字形,具有眼纹斑是其显著特征。细胞长 60~90 μm,壳面呈宽椭圆形,(40~50) μm×(54~65) μm,通过眼纹斑的直径较长。壳面平,壳套垂直。线纹单列,自中心放射排列,没有中断,直达壳套;中央区域排列略不规则。具粗网纹,中间具分隔或通诱成假孔。在壳面与壳套连接处有 2~4 个眼纹斑和 2~15 个唇突。眼纹斑呈椭圆形到圆形,具密集小眼纹孔和无结构的边缘;唇突在壳面中心区域,约在中央和边缘中间位置,向外在壳面为一孔,向内突起,具裂缝开口和两唇。壳套合部分离。色素体多数,盘状。

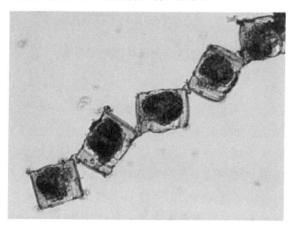

图 3.2-11　光滑侧链藻属

在长江上游地区,四川、云南、贵州、重庆段,溪洛渡、向家坝库区、三峡库区干支流,赤水河等水域均有发现。

5. 波形藻属

波形藻属是硅藻门中心纲盒形藻目盒形藻科的一属(图 3.2-12)。

波形藻壳面长,呈明显的波曲状,具顶孔区和明显的横肋,横肋在带面观可形成音符的形状。细胞壳面长 90~110 μm,宽 30~40 μm;壳面通常呈三波曲状,波曲的宽度相近,波曲的数量跟壳面大小有关,较小个体壳面仅有一个波曲。在波曲处和壳面顶端处都存在明显的横肋。壳面被不规则形状的脊所覆盖,脊上有粗糙的、零散的孔纹。壳面各波曲之间可以看到明显的横肋,形状像音符。带面观的长轴面和短轴面均呈矩形,细胞长轴面长 90~110 μm,宽 40~100 μm。细胞末端靠近壳缘处具有小的假隔片。波形藻两端有突起,突起末端有小型真孔,能分泌胶质。细胞常单个或以胶质垫连成"之"字形群体。

常见的种类为音符波形藻(图 3.2-12)。目前在金沙江向家坝库区、长江上游江段,均有出现。

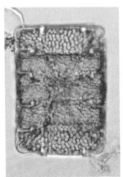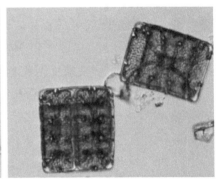

图 3.2-12 波形藻属(音符波形藻)

6. 针杆藻属

针杆藻属是硅藻门羽纹纲无壳缝目脆杆藻科的一属(图 3.2-13)。细胞呈长线形。一般浮游种类单独生活或以一端相连成立体放射状群体;着生种类为放射状或扇状群体。分布广泛,淡水、海水皆有,大多生活在淡水水体中。其壳面呈线形、披针形,中部向两端逐渐狭窄,或等宽,末端呈小头状或钝圆,无壳缝,只有假壳缝,或称"拟壳缝",两侧具横线纹或点纹,壳面中部常有方形或长方形的无纹区。色素体带状或颗粒状,通常位于细胞两侧,2个或多个,每个色素体含 3 个或多个蛋白核。

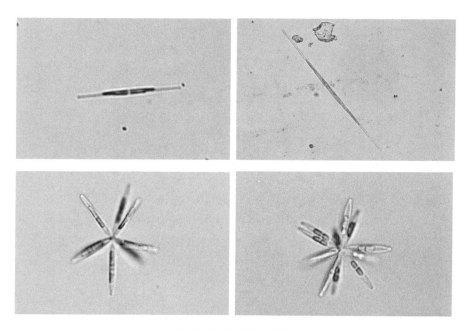

图 3.2-13　针杆藻属

7. 星杆藻属

星杆藻属是硅藻门羽纹纲无壳缝目脆杆藻科的一属(图 3.2-14)。植物体为单细胞,细胞为长形,常常 8 或 16 个细胞形成星状或螺旋状或"之"字形群体,壳面呈线形,末端头状膨大,一端比另一端大。壳面沿长轴对称,假壳缝狭窄,不明显。海水、淡水均有分布,条件适宜时,可形成水华。

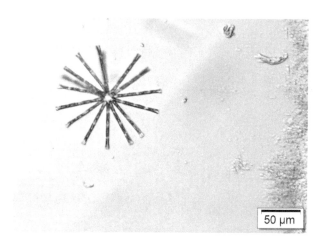

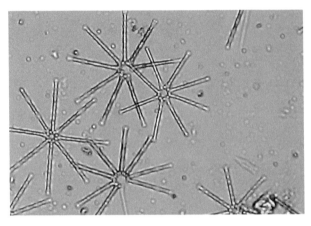

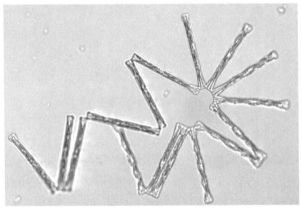

图 3.2-14　星杆藻属

8. 脆杆藻属

脆杆藻属是硅藻门羽纹纲无壳缝目脆杆藻科的一属（图 3.2-15）。脆杆

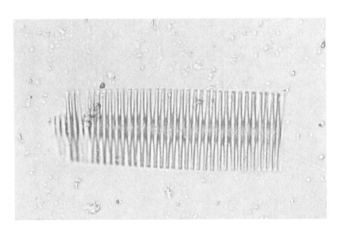

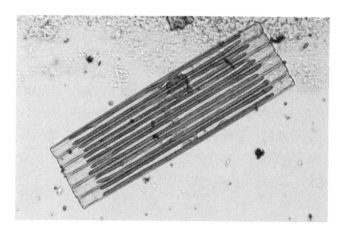

图 3.2-15　不同的脆杆藻

藻属常以壳面相互连接,形成带状或锯齿状群体,或以每个细胞的一端相连,形成 Z 状群体。海水、淡水均有分布,以淡水居多。壳面呈长披针形、棱形或长椭圆形,有的中部向两侧膨凸或凹入,左右对称。纵轴上拟壳缝不明显。带面呈长方形,由于细胞常以壳面相连,形成带状,因此,常见到的是带面。色素体柱状,多数,或叶状 1~4 个,依种类而异。

9. 卵形藻属

卵形藻属是硅藻门羽纹纲单壳缝目卵形藻科的一属(图 3.2-16)。细胞扁平,壳面呈宽卵形、椭圆形或近圆形,上壳具假壳缝,下壳具真壳缝和中央节,色素体板状,1 个,位于上壳,有 1~2 个蛋白核。广泛分布于海水或淡水中,多附着生活,少数浮游生活。

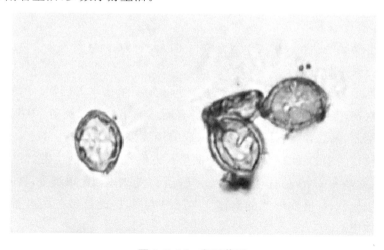

图 3.2-16　卵形藻属

10. 桥弯藻属

桥弯藻属是硅藻门羽纹纲双壳缝目桥弯藻科的一属(图 3.2-17)。壳面纵轴弯转,呈新月形,或桥拱形,或近纺锤形,纵轴左右不对称。但花纹仍在纵轴两侧,左右相似。具 2 个壳缝,壳缝在弯转的中线上,偏向腹侧,直线或弧状弯曲。有中央节和端节,中央节多位于两侧壳缝中央。带面呈近长方形,不能同时看到 2 个壳缝。壳面的孔纹为点纹、线纹、肋纹,略呈辐射排列。色素体 1 个,板状。本属种类多,为典型淡水种类,少数生活在半咸水中。常单个细胞浮游生活,也可以用胶质柄附着于其他物体上。

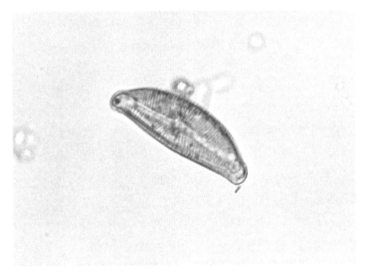

图 3.2-17　桥弯藻属

11. 舟形藻属

舟形藻属是硅藻门羽纹纲双壳缝目舟形藻科的一属(图 3.2-18),由于其外形像一只小船而得名。

壳面多为舟形,也有的呈线形、披针形、菱形、椭圆形等形状。两侧对称,中轴区狭窄,壳缝直,位于中线,大多具有明显的中央节和极节,中央节呈圆形或椭圆形。壳缝两侧具有由点纹组成的横线纹、布纹等,通常壳面中间部分的线纹较两端的线纹略为稀疏;带面呈长方形,平滑,无间生带。色素体片状或带状,多为 2 个,左右对生,罕见 4~8 个。绝大多数为单细胞,自由生活,也有以胶质营、胶质块形成的群体。本属种类多,广泛分布在淡水、海水、半咸水水体中。

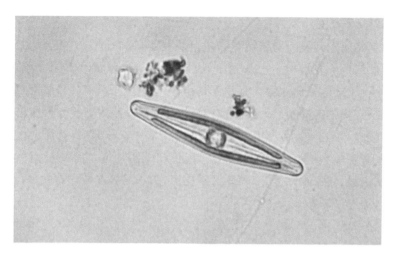

图 3.2-18　舟形藻属

12. 菱形藻属

菱形藻属是硅藻门羽纹纲管壳缝目菱形藻科的一属（图 3.2-19）。细胞呈梭形、舟形、菱形等。细胞常纵长，壳面直或"S"形、线形或椭圆形，两端尖或钝。壳面一侧有龙骨突，上下龙骨突不在一侧，彼此交叉相对，细胞横断面呈菱形。壳面具横线纹或点纹，壳缘具管壳缝。色素体一般 2 块，位于带面的一侧。其常为单细胞，也有群体生活，形成带状链。广泛分布在淡水、海水、半咸水水体中。

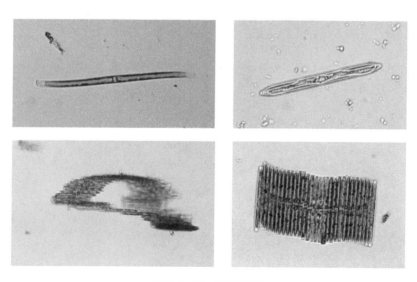

图 3.2-19　菱形藻属

13. 双菱藻属

双菱藻属是硅藻门羽纹纲管壳缝目双菱藻科的一属（图 3.2-20）。细胞卵呈圆形或近长方形等。一般扁平，也有的扭转。壳面呈楔形、线形、卵形、椭圆形或长方形，壳面两侧均有龙骨突和管壳缝，上下共有 4 条管壳缝。管壳缝有肋纹与细胞内部相通，壳面观有粗的横肋条。带面呈长方形或楔形。通常藻体较大，可达 100 μm 以上，色素体板状 1 个。种类多，营浮游生活。淡水、海水及半咸水均有。淡水中常见，在长江上游地区，四川、云南、贵州、重庆段，溪洛渡、向家坝库区、三峡库区干支流，赤水河等水域均有发现。

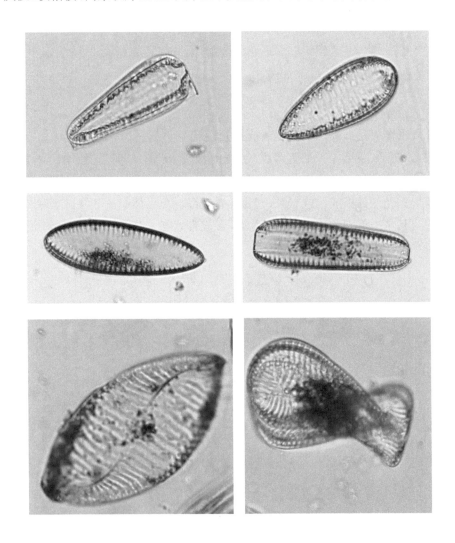

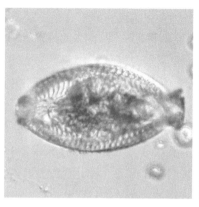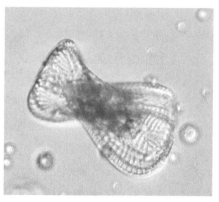

图 3.2-20　不同的双菱藻

14. 马鞍藻属

马鞍藻属是硅藻门羽纹纲管壳缝目双菱藻科的一属(图 3.2-21)。其细胞呈马鞍状弯曲,壳面近圆形至椭圆形,壳面均匀排列着辐射状的波纹,小刺随意排列在波纹顶部。中间无线纹区域呈菱形。壳面具不同程度的扭曲。壳面长 90～110 μm,宽 60～100 μm。在长江上游地区的四川、云南、贵州、重庆段,溪洛渡、向家坝库区、三峡库区干支流,赤水河等水域均有发现。

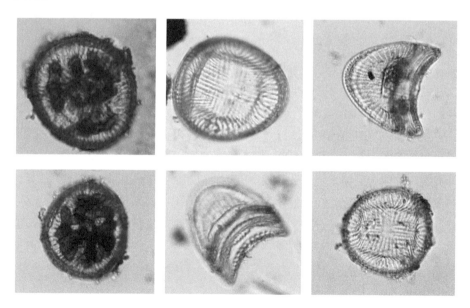

图 3.2-21　马鞍藻属

15. 波缘藻属

波缘藻属是硅藻门羽纹纲管壳缝目双菱藻科的一属(图 3.2-22)。

植物体为单细胞,营浮游生活;壳面呈椭圆形、纺锤形、披针形或线形,横向上下波状起伏,上下两个壳面的整个壳缘由龙骨及翼状构造围绕,龙骨突起上具管壳缝,管壳缝通过翼沟与壳体内部相联系,翼沟间以膜相联系,构成中间间隙,壳面具粗的横肋纹,有时肋纹很短,使壳缘呈串珠状,肋纹间具横贯壳面细的横线纹,横线纹明显或不明显;壳体无间生带,无隔膜,带面矩形、楔形,两侧具明显的波状皱褶;色素体片状,1 个。2 个母细胞原生质体结合形成 1 个复大孢子。此属种类较少,生长在淡水、半咸水中。

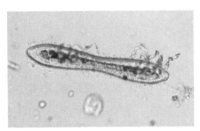 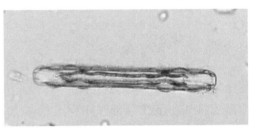

图 3.2-22　波缘藻属(壳面观和带面观)

3.2.5　绿藻门

绿藻是浮游植物中进化地位相对较高的种类,为水生光合真核生物,其细胞与高等植物较为相似,有细胞核和叶绿体,有相似的光合色素、贮藏养分及细胞壁的成分。色素中以叶绿素 a 和叶绿素 b 最多,还有叶黄素和胡萝卜素,故呈绿色。绿藻门不同于其他真核藻类,它的储存物质在叶绿体而非细胞质中合成,通常在蛋白核的参与下合成淀粉,并以淀粉等形式储藏物质能量。其叶绿体周围没有叶绿体内质网,细胞壁由两层纤维素和果胶质组成,主要是纤维素。典型的绿藻细胞可活动或不能活动,能游动细胞通常有 2 或 4 条等长的顶生的尾鞭型鞭毛。绿藻的体型多种多样,有单细胞、群体、丝状体或叶状体。

绿藻繁殖方式有营养繁殖、无性繁殖和有性繁殖。首先是营养繁殖,群体、丝状体以细胞分裂来增加细胞的数目。其次是无性生殖,形成游动孢子或静孢子,在环境适宜时,发育成新的个体。最后是有性生殖,有同配生殖、异配生殖、卵式生殖、接合生殖四种。

绿藻门绝大多数种类为淡水藻类,海产种类约占 10%,淡水产种类约占 90%。常见绿藻水华种类有盘星藻、衣藻、空球藻、实球藻等。

1. 盘星藻属

盘星藻属是绿藻门绿藻纲绿球藻目水网藻科的一属(图 3.2-23)。盘星藻植物体常由 2~128 个细胞排列成单层的盘状或放射状真性定形群体,但多数是由 8~32 个细胞构成的定形群体。细胞呈三角形、多角形、梯形等,群体内部细胞无突起,而边缘细胞常具 1 个、2 个或 4 个突起,有时候突起上有胶质毛丛。细胞壁平滑或具颗粒、细网纹,色素体周生,片状、圆盘状,1 个,具 1 个蛋白核,随细胞成长而扩散,具 1 个或多个蛋白核,成熟细胞具 1 个、2 个、4 个或 8 个细胞核。

盘星藻属分布广泛,大多种类以浮游方式生活在淡水水体中,尤其是池塘、沟渠和湖泊中。

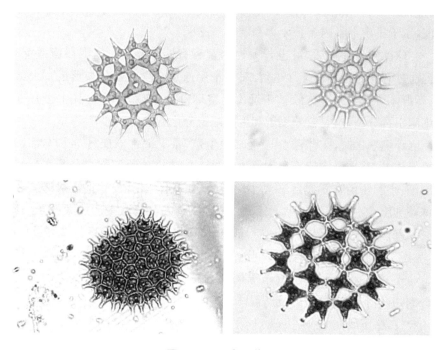

图 3.2-23　盘星藻属

2. 衣藻属

衣藻属是绿藻门绿藻纲团藻目衣藻科的一属。衣藻是团藻目内单细胞类型中的常见植物,约有 100 种以上。衣藻属于单细胞种类,具 2 条等长的鞭毛,与细胞等长或稍短。鞭毛基部具有两个伸缩泡,少数种类伸缩泡散布于原生质中,原生质表面无胞质连丝。细胞卵形,通常长宽比不超过 3,色素体呈杯状、片状、星状等,蛋白核 1 个,位于其后部或侧面或散布于色素体中。细胞有一个红色眼点,位于细胞前、中部。

衣藻通常进行无性生殖,即以细胞分裂为主。衣藻广泛分布于淡水中,尤其是在富含有机质的淡水沟和池塘中,早春和晚秋较多,常形成大片群落,使水变成绿色。

3. 空球藻属

空球藻属是绿藻门绿藻纲团藻目团藻科的一属,是一种较为常见的绿藻。空球藻通常由 16 个、32 个或 64 个衣藻型细胞组成球形或椭圆形的空心群体,细胞排列成一层,有共同的胶被,空球藻内细胞呈球形或椭圆形,排列较为疏松,彼此之间有微细的原生质丝相连。空球藻内细胞与衣藻细胞类似,具备细胞壁、细胞膜、细胞质、细胞核,色素体杯状,蛋白核数量不等,细胞上有两条等长的鞭毛伸出体外,依靠鞭毛在水中运动。空球藻细胞也含有伸缩泡,用于排出细胞内多余废物和调节渗透压。

空球藻营自养生活,可进行无性生殖和有性生殖。当周围环境适宜时,细胞通过有丝分裂进行无性生殖,每个细胞通过多次有丝分裂形成一个新群体,新群体直接从原群体胶被中逸出。空球藻在进行繁殖时,其中也有一两个细胞不再分裂,这是营养细胞和生殖细胞分化的表现。

当环境恶劣时,空球藻会进行有性生殖,常见的空球藻种类基本都属于雌雄异体,也有少量空球藻存在雌雄同体。雄体空球藻细胞会分裂产生很多小配子,小配子由胶质连接形成小配子团[皿状体(plakea)]逸出母体。雌体空球藻细胞在进行有性生殖时不进行分裂,但体积会增大形成大配子,且不会脱离母体。当皿状体与雌体空球藻相遇时,皿状体会分散成为单个小配子,大配子的胶质包被膨大并软化,以方便小配子的进入,二者融合形成合子。合子并不会离开母体,直至母体死亡分解后才得以逸出,逸出的合子减数分裂,并进行有丝分裂形成新群体。

4. 实球藻属

实球藻属是绿藻门绿藻纲团藻目团藻科的一属。与空球藻有些类似,实球藻一般由 16 个、32 个或 64 个衣藻型细胞组成,但实球藻组成的是球形或椭圆形的实心群体,并有共同的胶被。细胞排列十分紧密,堆叠在一起形成卵形、球形等。实球藻细胞也有两条鞭毛,鞭毛朝外分布,杯状色素体,一个或几个蛋白核位于侧后方,细胞核在中间或稍偏前。实球藻繁殖时也形成子群体,多分布于有机质丰富的小水体或湖泊中。

5. 团藻属

团藻属是绿藻门绿藻纲团藻目团藻科的一属(图 3.2-24),多分布于有机质丰富的浅水中,春夏两季较为常见。植物体常由数百至上万个衣藻型细胞构成球形群体,衣藻型细胞排列在球体的表面,空心球体内充满胶质和水。群体中只有少数大型的细胞能进行繁殖,称此为生殖胞。无性生殖时,少数大型的生殖胞经多次分裂形成皿状体,再经翻转作用发育成子群体,落入母群体腔内,母群体破裂时放出子群体,即为一新植物。有性生殖为卵式生殖,精子囊和卵囊分别产生精子和卵,精子和卵结合形成厚壁的合子。当母体死亡腐烂后,合子落入水中,休眠后经减数分裂,发育成一个具有双鞭毛的游动孢子,逸出后萌发成一新的植物体。

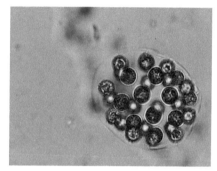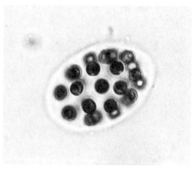

图 3.2-24　空球藻属

6. 小球藻属

小球藻属是绿藻门绿藻纲绿球藻目小球藻科的一属(图 3.2-25)。其植物体是单细胞浮游性种类,但可聚集成群,群体内细胞大小不一,细胞呈球形

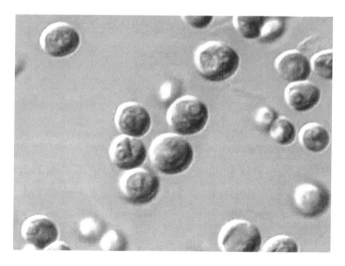

图 3.2-25　小球藻属

或椭圆形。体内含有片状和杯状叶绿体,一般无淀粉核。无性生殖时,产生不能游动的似亲孢子。有性生殖尚未发现。它们分布很广,生活于含有机质的池塘及沟渠中。

7. 栅藻属

栅藻属是绿藻门绿藻纲绿球藻目栅藻科的一属(图 3.2-26),通常形成真性定形群体。群体由 2～32 个细胞(多为 4～8 个)组成。细胞形状通常是椭圆形或纺锤形。细胞壁光滑或有乳头状或刺突状突起。细胞为单核。幼细胞的载色体是纵行片状,老细胞则充满着载色体,有 1 个蛋白核。群体细胞以其长轴互相平行排列成 1 列,或上下 2 列或多列。群体中的细胞有同形的或不同形的。

栅藻是淡水中常见的藻类,在各种淡水水域中都能生活,分布极广,更喜生活在静止的小型水体中。

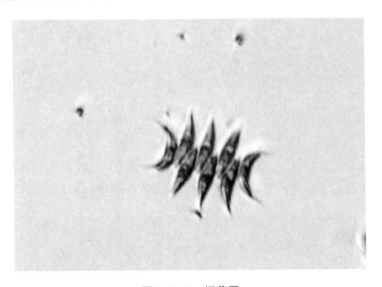

图 3.2-26 栅藻属

8. 丝藻属

丝藻属是绿藻门绿藻纲丝藻目丝藻科的一属(图 3.2-27)。藻体为单条丝状体,由直径相同的圆筒状细胞上下连接而成,罕见两端细胞呈钝圆形或尖形。植物体以长形的基细胞附着生长在岩石或木头等基质上。细胞中央有一个细胞核,叶绿体环带形成筒状,位于侧缘,其上含有 1 个或数个蛋白核。丝状体一般为散生长,除基部固着器的细胞外,藻体的营养细胞都可进行分裂,产生细胞横隔壁进行横分裂。丝藻属能进行无性生殖和有性生殖。

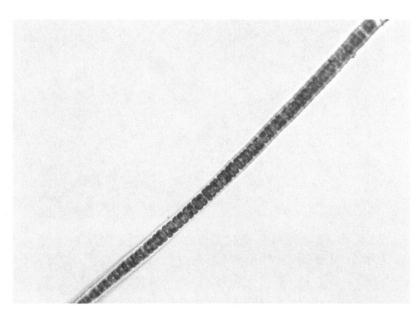

图 3.2-27　丝藻属

9. 水绵属

水绵属是绿藻门双星藻纲双星藻目双星藻科的一属(图 3.2-28),是该目中常见的类型。本属约 300 种,常成片生于浅水的水底或漂浮于水面。植物体为不分枝的丝状体,偶尔产生假根状分支,由许多圆筒状细胞纵向连接而成。由于细胞壁外面有多量的果胶质,故用手触摸时,能感受到藻体表面滑腻,易于辨别。细胞质贴近细胞壁,中央有 1 个大液泡,细胞核由原生质丝牵引,悬挂于细胞中央。每个细胞内含 1~16 条带状叶绿体,螺旋状环绕于原生质体的外围,形成"之"字形、弹簧状或网状。叶绿体上有 1 列蛋白核。生长初期为亮绿色,衰老期或生殖期为黄绿色、黄色的棉絮状,漂浮于水面。

水绵的有性生殖为接合生殖,常见的有梯形接合和侧面接合。梯形接合时,在两条并列的丝体上,相对的细胞各生出 1 个突起,突起接触处的壁溶解后形成接合管(conjugation tube)。同时,细胞内的原生质体收缩形成配子。一条丝体中的配子经接合管进入另一条丝体中,相互融合成为合子。两条丝体和它们之间所形成的多个横列的接合管,外形很像梯子,因此叫作梯形接合(scalariform conjugation)。如接合管发生在同一丝状体的相邻细胞间,则叫侧面接合(lateral conjugation)。合子形成厚壁,随着死亡的母体沉入水底休眠,萌发前经减数分裂,其中 3 核退化,仅 1 核发育为新的丝状体。

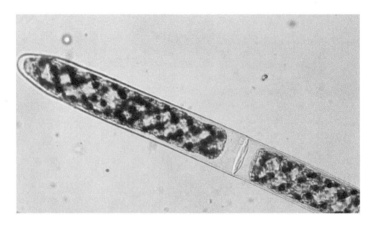

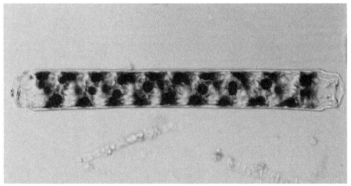

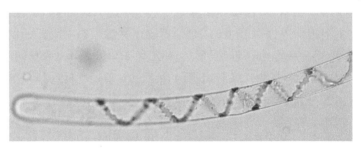

图 3.2-28　水绵属

10. 角星鼓藻属

角星鼓藻属是绿藻门双星藻纲鼓藻目鼓藻科的一属(图 3.2-29),在淡水中较为常见。

细胞体一般长大于宽,绝大多数辐射对称,少数侧偏而两侧对称,大多缢缝深凹。半细胞正面观呈半圆形、近圆形、椭圆形、近三角形、四角形、梯形、或楔形等。许多种类半细胞顶角或侧角向水平方向、略向上或向下发出或长或短的凸起,边缘一般呈波形,具数轮齿,顶端或具 3～5 个刺。

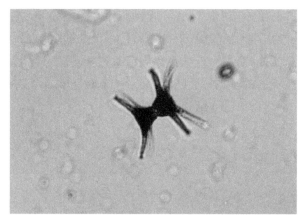

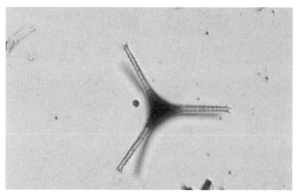

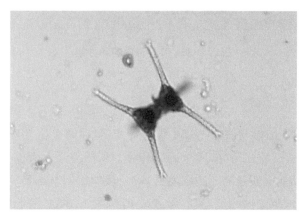

图 3.2-29　角星鼓藻属

11. 新月藻属

新月藻是绿藻门双星藻纲鼓藻目鼓藻科的一属(图 3.2-30)。植物体为单细胞,新月形,略弯曲或显著弯曲,少数平直,中部不凹入,腹部中间不膨大或膨大,顶部钝圆、平直圆形、喙状或逐渐尖细;横断面圆形;细胞壁平滑、具纵向的线纹、肋纹或纵向的颗粒,无色或因铁盐沉淀而呈淡褐色或褐色;每个半细胞具 1 个色素体,由 1 个或数个纵向脊片组成,蛋白核多数 纵向排成一列或不规则散生;细胞两端各具 1 个液泡,内含 1 个或多个结晶状的运动颗粒;细胞核位于两色素体之间细胞的中部。

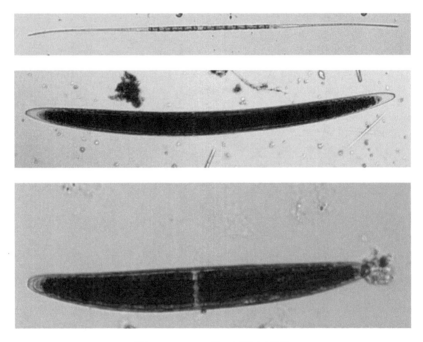

图 3.2-30 几种不同的新月藻

3.2.6 裸藻门

裸藻又叫眼虫藻,无细胞壁,仅具周质,不同种类周质软硬不同,硬质周质的种类能保证一定的形态,柔软周质的种类能够变形。大部分种类有一条鞭毛,属于运动能力较强的单细胞藻类,鞭毛从储蓄泡基部经胞口伸出体外。裸藻的色素组成与绿藻相似,有叶绿素 a、叶绿素 b、β-胡萝卜素和一种叶黄素,植物体大多呈绿色,少数种类具有特殊的"裸藻红素",使细胞呈红色。色素体多数一般呈盘状,也有片状、星状的。有色素的种类细胞的前端一侧有一红色的眼点,具感光性,使藻体具趋光性,所以裸藻又叫眼虫藻。也有无色素的种类,其不具眼点,胞咽附近有呈棒状的结构,称为杆状器。裸藻主要以细胞分裂进行繁殖,细胞核先分裂,然后原生质体自前向后分裂。裸藻喜生长在阳光充足、有机质丰富、静止无流水的小水体中,环境良好时,细胞分裂繁殖很快,常形成水华,裸藻水华浮在水面上,使水呈现绿色。环境不良时可形成休眠胞囊,待环境变好后再进行分裂。裸藻门可作为有机质污染环境的指示生物,对污水也有一定的净化作用,裸藻门最常见的是具有一条鞭毛、具有色素体的裸藻属和扁裸藻属。

1. 裸藻属

裸藻属是裸藻门裸藻纲裸藻目裸藻科的一属(图 3.2-31)。裸藻属常为具 1 条鞭毛的运动个体,细胞以纺锤形至针形为主,少数为圆形或圆柱形等,后端多延伸成尾状,多数种类表质柔软,身体易变形,少数种类形态固定。细胞核位于细胞中部,眼点明显,在鞭毛的基部,呈橘红色,表质有螺旋形排列的线纹或颗粒,色素体多数呈绿色,少数种类呈红色或无色,副淀粉形状多种,大小不等。本属是裸藻门中种类最多也是最常见的属。

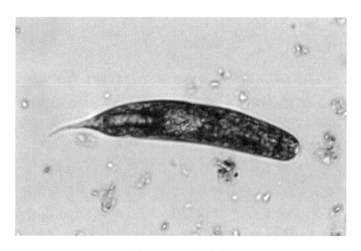

图 3.2-31　裸藻属

2. 扁裸藻属

扁裸藻属是裸藻门裸藻纲裸藻目裸藻科的一属(图 3.2-32)。扁裸藻属为具 1 条鞭毛的运动个体。细胞扁平,正面观一般呈圆形、卵形或椭圆形,有的呈螺旋形扭转,顶端具纵沟,后端呈尾状。表质具纵向或螺旋形排列的线纹、点纹或颗粒,细胞不变形。眼点明显,色素体多数,大多为盘状,副淀粉较大,常一至多个,呈环形、假环形、圆盘形、球形、线轴形、哑铃形等各种形状,有时还有一些球形、卵形或杆状的小颗粒。扁裸藻属分布广,常与裸藻属同时出现,但很少形成优势种群。

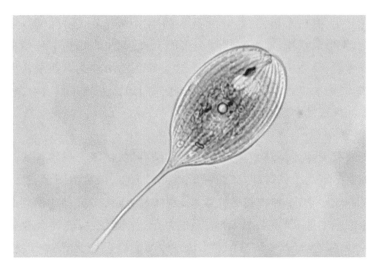

图 3.2-32　扁裸藻属

3.2.7　金藻门

　　金藻门大部分为具有鞭毛的运动单细胞,少数种类群体生活呈现团状或分枝丝状体,金藻门色素体 1~2 个,片状,侧生,含叶绿素、胡萝卜素以及金藻素,金藻素属于金藻特有色素,金藻素和胡萝卜素含量相对叶绿素更高,呈现金黄色,故得名金藻。1 个细胞核,无蛋白核,大多数种类有鞭毛,一般有 2 根等长或不等长的,少数有 1 根、3 根。具有鞭毛的种类,基部有 1~2 个伸缩泡。有的种类有眼点。大多数种类的细胞裸露无壁,因此身体易变形,有的种类细胞有鳞片、鞘或囊壳(钙质或硅质),不具鞭毛不能运动的种类其细胞有细胞壁。同化产物有油滴(脂肪)、白糖素(位于细胞的后部),白糖素又被称为金藻糖或金藻淀粉,白色光亮不透明圆球形,不与碘反应。

　　金藻多分布于淡水水体中,生活于透明度较大、温度较低、有机质含量低的水体。对环境变化敏感,多在寒冷季节如早春和晚秋生长旺盛,在水体中多分布于中、下层。浮游金藻无细胞壁,营养丰富,是水生动物很好的天然饵料,也有一些金藻会形成水华,半咸水环境下的三毛金藻对鱼类有毒害作用,曾造成一定的危害,目前已有较有效的防治方法。长江上游区域未见金藻门水华相关记录,常见金藻门藻类为锥囊藻属。

　　锥囊藻属是金藻门金藻纲色金藻目锥囊藻科的一属(图 3.2-33),又叫钟罩藻,细胞具圆锥形、钟形或圆柱形的囊壳,多为树枝状群体,浮游生活,少数为不分支群体或单细胞,固着生活。囊壳前端开口,原生质体呈纺锤形、圆锥形或卵形,前端具 2 条不等长鞭毛,长的一条伸至囊壳开口外。基部以细胞质短柄附着于囊壳底部。眼点 1 个,伸缩泡 1 至多个,色素体 1～2 个。为湖泊、池塘常见藻类,多在寒冷季节出现,可在越冬的鱼池冰下水层中形成优势种。

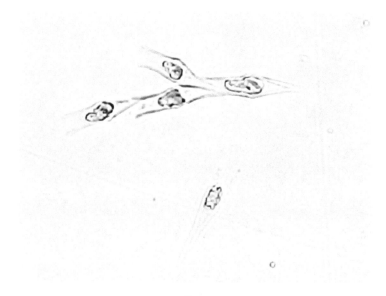

图 3.2-33　金藻门代表:锥囊藻属

3.2.8　黄藻门

黄藻多数是不运动的单细胞个体和多细胞群体,群体呈现多核管状体、丝状体。色素体 1～2 个,片状或盘状,侧生,色素主要是叶绿素、胡萝卜素、叶黄素,呈黄绿色。它们有细胞壁,运动个体有两根不等长的鞭毛,长的向前叫茸鞭,短的向后叫尾鞭,多数仅有一个细胞核,较小难以观测,同化物质为白糖素、脂肪。黄藻门主要生活在淡水中,适应低温环境,喜半流动清洁水体。

1. 黄丝藻属

黄丝藻属是黄藻门黄藻纲异丝藻目黄丝藻科的一属,为不分枝的丝状体,黄绿色,细胞壁"H"形,色素体盘状、两个或几个侧生,细胞核 1 个,位于细胞中间,细胞长度是宽度的 2～5 倍。一般于早春出现,初生时固着生活,死后漂浮在水中,因此,其大量死亡时呈黄色棉絮状漂浮于水面,在池塘、沟渠中出现较多。

2. 黄管藻属

黄管藻属是黄藻门黄藻纲柄球藻目黄管藻科的一属,为单细胞或树枝状群体,浮游或着生,细胞体较大,呈长圆柱形。浮游种类细胞弯曲或螺旋形卷曲,两端圆形,有时膨大,一端或两端具刺。细胞壁由两节片嵌合而成,节片大小不一,色素体在两侧,1 至多个,盘状、片状或带状。

第4章

浮游植物基本特性

浮游植物作为一个生物类群,与环境之间存在着密切的关系,包括非生物环境和生物环境。浮游植物从水体环境中获取营养和能量,同时也释放一些物质到水体中;浮游植物和其他生物类群之间也存在直接或间接的相互作用。同时,不同种类的浮游植物,由于其本身的特性,在不同环境中有不同的表现。

4.1 浮游植物与生境条件的关系

浮游植物生长繁殖是多环境因子综合作用的过程,与气象条件、水文条件、理化条件以及生物环境均有密切关系。影响浮游植物的具体因素主要有光照、温度(包括水温和气温)、pH 值、水位、流量、流速等水动力条件,氮磷及其他营养因子(碳硅)、金属及微量元素,以及鱼类、浮游动物等生物因素。水体中浮游植物的种类组成、种群比例、数量、生物量随水生系统的演变而改变,同时藻类根据水生系统的变化会有相应的快速改变。

4.1.1 气象因子

1. 光照

光是浮游植物生存的必要条件。浮游植物作为光能自养型生物,其通过光合作用来制造有机物,储存能量,供生命活动需要。其光合作用速率在很大程度上取决于光强和光质。水体中光强和光质的不同可能会导致浮游植物的色素组成、现存量和水体透明度的改变,从而影响浮游植物的初级生产力。

一般来说,浮游植物光合作用速率与光强成正比关系,但达到饱和光强后,光合作用速率会趋于平稳;如果光强继续增加,会产生光抑制,浮游植物光合作用会下降、停止,甚至造成浮游植物损伤或死亡。不同的浮游植物有不同的最适光强。蓝藻分布在表层水体,绿藻次之,硅藻在绿藻之下。同时,低光照强度能有效地抑制藻类的生长。研究发现,当光照强度≤500 lx 时,铜绿微囊藻生长明显受到限制。

2. 温度

温度尤其是水温对浮游植物的影响很大,在其他环境条件适宜的情况下,一定范围内,水温每上升 1 ℃,浮游植物代谢活动强度增加 10% 左右,超出最适温度,代谢率又会下降。研究表明,不同的浮游植物有不同的最适温度,对大多数浮游植物来说,最适生长温度是 18~25 ℃。在相同的营养状态下,金藻、硅藻适宜在较冷的水温下生长发育,故多在早春、晚秋和冬季占优势;绿藻在中等水温下占优势,而蓝藻在夏秋季温度较高的水体中占优势。例如当温度低于 13 ℃时,铜绿微囊藻很难正常生长,在 10~28 ℃的温度范围内,温度越高,其藻细胞生长速率越大。

水温会导致浮游植物种群变化,蓝藻水华通常在春季出现、冬季消失的现象与蓝藻复苏和休眠对温度的响应机制有关,而在夏季和初秋,高温促使蓝藻生长速率加快,导致水华的暴发。

气温和水温常常有同步变化的趋势,除了水气界面处,气温通常是间接影响,水温则是直接影响。此外,温度与光照等环境因子也存在复合联动效应。

3. 风

风会导致水面形成风浪,在一些水体中,还会形成湍流。通常风浪较大的区域,浮游植物难以聚集,不易形成水华。而风平浪静的区域,浮游植物容易聚集。风还可诱导螺旋湍流,又称朗缪尔环流,在水面上引起与风向平行的泡沫线,浮游植物常在漩涡之间形成斑块。

4. 降水

降水量偏少有利于浮游植物的繁殖和水面聚集。通常中等强度降水对浮游植物的生长具有一定的抑制性,大量降水的抑制作用较明显。有时候,藻类水华可能因为一场降雨而消失。

4.1.2 水动力条件

流速、流量、水位变动等水动力条件,会对浮游植物的生长繁殖产生重要影响,有时这种影响是决定性的。水的运动可以使浮游植物种群聚集或分散,有的浮游植物耐扰动能力较强,而有的则较弱,因此它们在相互作用中的竞争能力不同。

1. 流速

流速是水动力条件中最基本、最直观的参数,对浮游植物的生长和繁殖具有十分重要的影响,不仅影响水体中能量和营养盐的分配、溶解氧水平、沉积物特性等,而且能够对水生生物的生理活动产生直接的影响。流速对藻类生长的影响表现为低流速促进生长,中等强度的扰动会增加藻细胞对养分的吸收,促进藻类新陈代谢;相反,高强度的扰动则抑制藻类生长、营养吸收和细胞代谢。这可能是因为流速过大,对藻类细胞有较强的剪切作用,进而导致细胞的损伤和破裂;同时,流速较大时,水体上下的混合也较快,导致很多藻类难以停留在水体表层,因此藻类接收光照的条件变得不稳定。由于水下光强与深度近似指数衰减,所以流动水体中,藻类可能很难获得持续性的光照。如果水体泥沙等悬浮物含量较大,透明度较小,这一影响则更为明显。

当湖库水体处于流速非常缓慢的层流条件下,氮、磷等有机污染物不断积累,藻类周围生境发生变化,营养盐增多,因长时间光照,表层水体中蓝藻会大量繁殖,并随水流发生迁移;当流速逐渐增至流体纵向运动的紊流状态时,则对藻类生长状态和在湖库中的空间分布产生影响。

2. 流量、水位

在一定条件下,流量与流速通常是正相关关系,而水位的高低,则与流量、流速呈现较为复杂的关系,自然河流通常水位高、流量大、流速快;但在受调蓄的水库等水体中,水位高,流量、流速则有可能很小。因此,流量和水位与浮游植物生物量之间的关系可能因不同水体或时期,呈现不同情况。但总的来说,水位、流量、流速作为水动力条件的几个基本参数,对浮游植物的影响是十分重要的,有时候甚至是决定性的。

4.1.3　水环境因子

1. 氮、磷和氮磷比

浮游植物生长需要的营养元素主要有很多种,但其生长动力学主要与大量营养离子,如 N、P 和硅(Si)在空间和瞬时的波动相关。Redfield 于 1958 年就测定了海洋浮游植物在最大生长率条件下所需大量营养离子间的比例为 106C∶16Si∶16N∶16P(Si 主要对硅藻及其他需要硅的藻类起限制作用)。Redfield 测定的虽然是海洋浮游植物,但其结论对淡水浮游植物同样是适用的。空气中的 CO_2 易溶于水,因此在天然水体中一般不会成为浮游植物生长的限制因子,总的来说 N、P 和 Si 是藻类生长重要的限制营养源。

氮磷营养物质的输入对浮游植物的生长及群落动态变化起关键作用。秦伯强等认为不仅氮、磷等营养盐的大幅增加所引起的上行控制效应对浮游植物种群数量变动产生影响,其他水生生物的种类数下降、面积缩减引起的下行控制效应也是对浮游植物生长繁殖产生影响的重要因素。

氮元素是构成浮游植物细胞的重要元素。水体中的氮主要包括无机氮($NH_4^+ - N$、$NO_2^- - N$、$NO_3^- - N$)和有机氮(尿素等)。浮游植物对氮元素的利用具有选择性,最先利用的是 $NH_4^+ - N$,其次是 $NO_2^- - N$ 和 $NO_3^- - N$,各种无机氮之间的转化主要是由硝化细菌和反硝化细菌完成的。$NO_2^- - N$ 主要是硝化过程和反硝化过程的中间产物,一般在水体中的含量比较低。

磷是反映水体富营养化水平和污染水平的重要指标之一。Schindler 等的受控生态系统装置和试验湖区的研究结果表明,磷是水体富营养化的主要限制因子。一些研究表明氮磷比(N/P)条件是影响水体水华发生的重要条件之一,N/P 为 16∶1 左右最利于水华发生。当氮磷比大于 16∶1 时表现为磷素限制,反之表现为氮素限制。磷与土壤和底泥等其他物质结合得较为紧密,因此不容易进入水体,多数水体面临着磷素不足的生长限制。

郑晓红等研究发现,氮、磷的比值与藻类的生长有直接关系,藻类正常代谢所需的 N/P 为 7,当 N/P 大于 7 时,磷是限制藻类生长的主要因素;当 N/P 小于 7 时,氮是限制藻类生长的主要因素。此外,营养盐的过量输入也会成为限制浮游植物生长的重要因素。水体营养盐浓度异常刺激了超常的浮游植物生物量和形成优势种群,引起水生态系统的种群结构和食物链结构偏离稳态。

尽管 N、P 是浮游植物生长十分重要的两个营养因子,但它们在藻华发生中的决定性地位还存在争议。

许海等认为,N 和 P 的绝对浓度比氮磷比(N/P)对铜绿微囊藻的生长影响更大;陈建中等认为,N 和 P 的平衡是影响铜绿微囊藻生长的关键因素;许慧萍认为,微囊藻群体生物量与总磷(TP)显著正相关,而单细胞生物量与总氮(TN)显著正相关。在多种水华藻种同时存在并形成竞争关系时,N/P 对优势藻种的形成有重要的作用。例如,当微囊藻和栅藻同时存在时,在富营养水平条件下,二者之间的竞争抑制作用随着 N/P 的变化发生改变,而在 N 和 P 浓度均较低的水域中,微囊藻更可能成为优势种;此外,水体扰动作用也可通过调控营养盐利用率和影响浮游植物种群结构,来调控藻华优势种及其聚集形态。

在客观条件下,浮游植物生长限制因子中只有营养盐和水文条件是可以得到人为有效控制的。通过水利工程的手段可以改变水文条件,但其常常会导致污染物进入其他生态系统并产生新的污染。因此,控制蓝藻水华最可行的方式是控制营养盐。

2. 钾

钾(K)是光合生物生长所需的重要生源要素之一,它参与诸多生理生化反应,如物质的主动转运、细胞渗透压的调节。在藻类生理学研究领域中,受到主要关注的大量元素是氮和磷,钾离子(K^+)对浮游植物生理过程的调控相关研究则相对较少。然而,随着农业施肥需求的日益增长,越来越多的钾盐会随着地表径流进入地表水中,全球地表水中的钾赋存量也呈上升趋势。水环境中日益增长的钾含量对浮游植物的生长及生理生化过程可能产生调控作用。

根据李宏等不同钾离子浓度($0\sim0.92$ mmol/L)条件下铜绿微囊藻的全生长周期(30 d)相关实验结果,中低浓度(0.46 mmol/L))钾对藻细胞密度的增加起到促进作用,而高浓度(0.92 mmol/L)钾和钾的缺失对藻细胞密度的增长呈现一定的抑制作用,且钾缺失比钾过量更能抑制铜绿微囊藻的生长潜力。对藻类表面细胞膜外部结构的观察,也支持了这一点,即缺乏钾和过量的 K^+ 浓度都能够对铜绿微囊藻的细胞结构造成损伤。

此外,钾还可能影响藻产毒基因表达和蛋白含量,从而影响铜绿微囊藻细胞内微囊藻毒素(Microcystins,MCs)的合成。因此,通过调节天然水环境中钾的浓度来预防蓝藻水华的发生、降低水环境中 MCs 的含量,可能是一种有效的潜在手段。但是在自然界中,天然淡水中的 K^+ 浓度范围很广,且难以调控,因此利用这种途径控藻可能还需要在实验室和原位条件下进行更多深入的研究。

3. 微量元素

除了常常受到关注的几个蓝藻生长限制因子,环境中微量元素的浓度对铜绿微囊藻的生长和生理过程也有重要影响。铁在藻类生长中起着重要作用,它是藻类生长发育所必需的主要微量营养元素之一。适量的三价铁还能够促进 MCs 的合成,但过高的三价铁浓度会抑制铜绿微囊藻的生长。铜可以提高某些生理过程的效率,对藻类生长及藻毒素合成也有重要的影响;锌可促进藻细胞内各种酶的活性;镁是叶绿素的成分之一,除了能影响光合作用,它在碳水化合物的转化过程中也起着重要作用;钙能影响藻细胞碳水化合物的形成转化,还可以增强与微囊藻细胞群体形成有关的凝集素的活性;作为毒性较大的重金属元素,钴却是浮游植物生长必需的微量元素;微量元素钼会影响硝酸还原酶的组成,并在藻类的氮代谢中起重要作用。此外,有研究发现,必需性重金属元素对藻类生长有低促高抑的作用。

4. pH 值

藻类的生长与水体 pH 值密切相关。水体 pH 值会影响藻细胞内酶活性,对藻细胞营养物质的吸收产生影响,同时藻类的新陈代谢又反过来影响水体的 pH 值。此外,弱碱性环境有助于光合作用的完成。研究表明浮游植物最适宜生长的 pH 值范围为 6.5~7.5。当然,不同藻类有其最适宜生长的酸碱度,过酸或过碱都会损害藻细胞。绿色藻类最适宜 pH 值范围为 7.5~8.5,褐色藻类最适宜 pH 值范围为 7.8~8.7,而蓝藻能够适应较高的 pH 值环境。

4.1.4 生物因子

1. 浮游动物

在食物网中,浮游植物是浮游动物的主要摄食对象。浮游动物通过直接摄食和间接改变营养物质结构影响浮游植物的群落结构,控制浮游植物的生物量。陈济丁等利用大型溞、平突船卵溞等大型植食性浮游动物有效控制了浮游植物的过量生长,达到改善水质的目的。

2. 鱼类

鱼的牧食作用也是影响浮游植物种群结构和数量的重要因素。浮游生物食性的鱼类不仅滤食浮游动物,有的还可以直接以浮游植物为食,所以就有人提出直接用它们来控制富营养化,这在我国武汉东湖的水华治理实践中得到了应用。与此同时,部分鱼类对浮游动物的捕食也有可能间接减轻浮游植物的压力。因此,鱼类通过直接和间接的作用,对浮游植物产生较为复杂的影响。

3. 水生植物

水生植物与浮游植物生活环境存在竞争,例如营养盐方面,漂浮植物可以通过吸收氮、磷营养盐、无机氮等竞争限制浮游藻类的生长,而藻类也可能因为营养竞争和对光照的影响,对沉水植物产生不利影响。

总之,浮游植物和非生物环境及生物环境之间存在复杂而密切的关系。这些关系通常不是独立存在,而是相互关联、共同作用。因此,在监测实践中,尤其是在野外原位监测过程中,很难定量地去表征某个因子对浮游植物的影响,但是这些影响是客观存在的。浮游植物种群结构和数量的变化,受环境以及自身特性的显著影响。

4.2　浮游植物种群变化

浮游植物群落结构受到自身特性和众多环境因子的影响,会呈现出不同的变化特征。

在空间上,由于不同空间区域中水动力条件的不同,一条河流浮游植物可能呈现明显的种类性差异和种群数量不同。例如在湖泊的背风区、水库库湾缓流区,浮游植物密度通常较高。

在季节上,由于受季节性光照、气温、水温,以及水文条件的影响,浮游植物通常呈现出季节性变化。通常在冬天,由于光强弱、水体温度低,浮游藻类总体生长较慢,硅藻、甲藻等喜寒的种属是主要藻种;早春季节,由于光合作用增强,水体中浮游藻类快速生长繁殖,各类藻类都可能出现一些异动,如甲藻、硅藻、金藻、黄藻等可能快速增长,甚至部分蓝藻也大量繁殖,之后水温不断升高,绿藻成为优势藻种;夏季光强、水温都达到最大,蓝藻则可能表现出更大优势。

浮游植物的时空变化,不仅体现在大尺度的季节和上下游上,在昼夜和垂直水层上同样表现出一些变化特征。

在不同水层,浮游藻类的分布有垂直变化。这方面的研究对于正确认识水体生态系统中初级生产力、营养情况以及能量物质循环是非常有意义的。

通常来讲,浮游藻类一般喜在水体上层生长繁殖,以获得充足的光合有效辐射,但是过于强烈的光照对浮游藻类生长有一定的抑制作用。浮游藻类已经有多种防御体系去保护自身不被高强度紫外线所伤害,如垂向混合,降低生物平均辐射概率。

而由水温热分层的形成导致的水体分层,可能使得浮游藻类在垂向含量上不同。水体分层形成后,一般情况下变温层厚度较小,但浮游藻类在此层活动活跃。斜温层出现后,浮游藻类可划分为两类,一种在斜温层以下达到最大值,另一种在斜温层以上达到最大值。

通常而言,各种浮游藻类都有群居在某一水深的共同习性,如绿藻在水体中的垂直分布通常集于上层,蓝藻在水体中一般处于真光层底部,硅藻、金藻等在水体中多位于中、下层,而裸藻由于其运动特性,在水体中垂向分布不定。大量研究表明,物理、化学和生物原因综合影响浮游藻类在水中的垂向分布,目前已有研究人员对其进行验证,证实了浮游藻类垂直分布的生物因素影响,而营养物质和化学因子对其垂向分布的影响目前研究不多。

时空演替是由多个藻类生长环境因子共同作用导致的,影响藻类群落演替的环境因子主要包括水文因子、物理因子、化学因子和生物因子。其中,水文因子主要包括降雨量、水位和径流等;物理因子主要包括温度、光照强度和水动力条件等;化学因子是维持藻类生命活动所需的各类营养元素(如氮、磷、硅),尤其氮磷营养元素能够为藻类生长繁殖提供必要的物质条件,主要包括硝氮($NO_3 - N$)、亚硝氮($NO_2 - N$)、氨氮($NH_4^+ - N$)和溶解态总磷(DTP)等;生物因子主要包括藻类群落种属之间的相互作用、藻类群落种属与细菌群落之间的相互作用以及植食性鱼类对藻类的牧食作用。

Cao 等研究了 2013—2015 年亚热带高原湖泊水体藻类功能类群的演替及其驱动因子,该研究期间发生了明显的藻类群落演替,结果表明,降雨径流通过改变水体营养盐含量、温度和光照条件进而影响该水体藻类群落演替;Zhang 等根据沉积色素研究了气候变化和人类活动对富营养化浅水湖水体藻类演替的影响,结果表明,气候变暖和人为氮磷营养盐的输入促进了该水体藻类群落演替;Zhou 等研究了三峡水库长时间范围内(2008—2018 年)藻类群落的季节演替,结果表明,水位、气温、pH 值和氮磷比是影响藻类群落演替的主要环境因素;Liu 等研究了垂向混合对三峡水库香溪湾水体藻类演替的影响,结果表明,水体垂向水动力条件能够显著影响藻类数量及其群落结构的变化;葛优等研究了阳澄西湖水体藻类功能类群演替与其生长环境的关系,结果表明,水温、pH 值、溶解氧(DO)、氨氮($NH_4^+ - N$)是影响该水体藻类群落演替的主要环境因素;李衍庆等研究了水源水库水体藻类功能类群演替特征,结果表明,水温和水体垂向水动力条件是促进藻类群落演替的主要因素;闫苗苗等初步研究了分层型水库藻类和细菌群落垂向演替及其与环境因素的偶联关系;黄廷林等研究了分层水库藻类功能类群的时空演替,结果表明,热分层、降雨量和水温是影响藻类群落时空演替的主要环境因素。

4.3 浮游植物与富营养化及水华关系

人类社会发展至今,温室效应和富营养化被认为是两个最紧迫的环境问题。由于人类活动(如动化石燃料燃烧和农业施肥等)愈加频繁,大量的温室气体、养分(如氮、磷、钾等)和其他污染物被排入自然环境,对生态安全造成了严重影响。早在 1982 年,经济合作与发展组织(OECD)就提出了水体富营养化的定义,并且给出了相应的评价标准;湖泊的富营养化是在自然因素和人类活动的共同作用下发生的,富营养化的成因涉及各种生态、社会、经济和其他因素,由于富营养化往往会导致水华的发生,所以富营养化可能会威胁饮水安全,并对人类和动物造成严重的健康危害。"水华"通常是指浮游植物大量增殖并在水体表面聚集形成肉眼可见的藻类聚积体的现象。随着工业的快速发展和人类活动的加剧,排入河流湖库的各类生活及生产废水使自然水体的外源性营养负荷进一步增加,一旦温度等其他条件满足藻类生长的适宜需求,藻类就会大量增殖形成水华。根据世界水问题研究委员会的统计,亚洲、欧洲、北美和非洲的湖泊中分别有 54%、53%、46% 和 28% 面临严重的富营养化和水华的威胁。

水库富营养化是指由于自然和人为因素,许多的氮磷营养元素以及有机物汇入湖泊、水库等稳定水体,造成浮游藻类的数目和结构产生异样变化而造成水体微生物灭亡、水质变差、散发腥臭气味,最后导致水体生态环境平衡被打破的现象。

浮游植物种类的组成与水体营养状况有关。从贫营养水体到富营养水体,营养盐由贫乏到饱和,酸碱度也由酸性过渡到碱性,水体由清澈到浑浊。不同的营养状况有着不同的浮游植物种类的组成,不同的浮游植物种类的组成变化反映出了水体环境梯度的变化。浮游植物种类的组成也较好地反映了水体的营养状态。贫营养水体主要是由大量的甲藻和少量的中心硅藻及单细胞的绿藻组成,而富营养化的水体则是由群聚的蓝藻和带状藻类组成。营养状态对浮游植物的生物量有较大的影响作用,尤其是对蓝藻、绿藻和裸藻而言,而对甲藻和金藻,则是无机物的浓度影响比营养状态要强。此外,在富营养化水体中,浮游植物以蓝藻和裸藻为主。蓝藻的生态位较宽,从贫营养的水体到富营养化的水体都能够生长。林氏藻、微囊藻、湖丝藻和鱼腥藻都是富营养化水体的藻类,这些藻类都能够形成水华,而且这些藻类形成的稳态条件很难发生演替,对水质的恶化有显著的推动作用。贫营养水体中主要以金藻为主,甲藻中的角甲藻和多甲藻生长在贫—中度富营养的水体。

水华较常见于静水水体或流速较小的流水水体中,大多数淡水水华优势种是蓝藻、绿藻,淡水中甲藻种类较少,但也易形成水华。我国太湖、巢湖、洱海等内陆湖泊都面临着蓝绿藻水华的威胁,一些小型支流库湾区域也曾不同程度暴发过甲藻水华和硅藻水华。

4.4 常见水华及其危害

通常认为,在适宜的气象、水文和营养盐条件下,很多水体都会暴发水华。能够引起水华的浮游植物很多,常见的包括蓝藻、绿藻、甲藻、硅藻、隐藻等,其中以蓝藻、绿藻、甲藻水华更为常见。据不完全统计,内陆水体中常见的水华种类见表 4.4-1。

表 4.4-1 常见水华种类

常见门类	常见种类
蓝藻门	微囊藻、鱼腥藻、拟鱼腥藻、束丝藻、颤藻等
绿藻门	空球藻、实球藻、团藻、衣藻、扁藻、四鞭藻、栅藻等
甲藻门	角甲藻、拟多甲藻、多甲藻等
硅藻门	小环藻、冠盘藻、直链藻、星杆藻、针杆藻等
隐藻门	卵形隐藻、蓝隐藻等
裸藻门	绿裸藻、血红裸藻等

4.4.1 蓝藻水华

蓝藻水华是危害较大、受关注程度较高的水华种类。2007 年,太湖的蓝藻水华导致无锡居民生活饮用水受到污染,造成了严重的社会影响。事实上,在我国太湖、巢湖、滇池三湖,以及很多中小湖泊,都出现过蓝藻水华。

蓝藻水华多发生在夏季 6—9 月,有明显的季节性,受温度、阳光、营养物质的影响;温度在 20℃以上,水体 pH 值偏高、光照度强且时间久的条件下,蓝藻形成气囊浮出水面并且迅速繁殖,以至形成蓝藻水华。

尽管蓝藻较为原始,但其有很强的耐受性,而且其多种种类具有伪空泡浮力调节、异形胞固氮作用、胶被形成群体优势,分泌次级代谢产物抑制其他藻类生长等机制,导致其能占据优势地位。

在多种蓝藻水华类型中,微囊藻水华因其发生的频繁性和所释放藻毒素的环境危害而备受关注,我国常见的微囊藻水华类型有 10 余种。

4.4.2 绿藻水华

绿藻水华的发生同样是水体富营养化的表现。由于水体中营养物质含量过高,绿藻在水体中大量繁殖,形成一层厚厚的绿色浮沫,覆盖在水面上。

绿藻水华通常发生在初夏 5—7 月,容易在一些缓流区域如库区支流形成。常见的绿藻中,空球藻、扁藻、团藻、四鞭藻等是较易形成水华的种类。

4.4.3　甲藻水华

淡水中甲藻的种类并不多,但是温度、光照适宜,具有充足营养物质,适合甲藻繁殖的环境下,甲藻迅速繁殖,形成高密度甲藻水华。与蓝绿藻稍有不同,甲藻水华通常出现在中度富营养的水体中。甲藻水华常发生在春季和秋季,春季温度适宜、含氧量合适,达到甲藻孢囊萌发的条件时,水底沉积的甲藻孢囊迅速萌发,进入水体,形成水华。甲藻水华水色呈不均匀的黄褐色,可见其集群形成的浓褐色斑块或条带。在风速平缓、水流流速较慢的地区,甲藻聚集形成区域水华。

此外甲藻具有鞭毛,通常可以上下游动,光照、强度适宜时,大量甲藻垂直迁移至水面也有可能形成水体表层高密度水华。

4.4.4　水华的危害

水华不仅会影响人们的日常生活,还会严重影响社会经济的正常发展。其具体危害主要有:

(1) 降低水体内溶解氧含量:水华暴发时,藻类会形成团聚体并上浮遮挡水面,降低水中溶解氧含量和水体透光性,同时藻类又会消耗水体中的溶解氧,并在死亡后大量分解而消耗氧气,形成厌氧环境,使其他水生动植物无法生存。

(2) 抑制其他藻类的正常生长:当水华发生,水华藻类成为优势种,其他浮游植物的生物多样性大大削弱。

(3) 很多水华藻类具有产毒的性质,例如微囊藻、束丝藻、鱼腥藻、裸甲藻等,这可能是藻类的一种竞争策略。这些藻毒素种类也非常多,有部分是肝毒素或神经毒素。例如产毒微囊藻产生的次生代谢物 MCs 会对各营养级的生物产生直接毒性作用。微囊藻毒素是由七个氨基酸组成的环状肽,其理化性质稳定,易溶于水、甲醇或丙酮,不挥发,耐酸碱,且耐高温,持续加热煮沸仍无法将其降解,可在生物体内累积并顺着食物链传递。到目前为止,已发现 200 种以上的 MCs 异构体,其中微囊藻氨酸-亮氨酸精氨酸(MC-LR)是最常见且毒性最大的异构体,其化学结构如图 4.4-1 所示。微囊藻毒素可以造成鱼类死亡,通过接触造成皮疹,通过被引用造成水体附近饮用的牲畜出现中毒情况,还可能通过食物链积累效应进入人体从而造成肝毒性增加,甚至诱发肝癌。

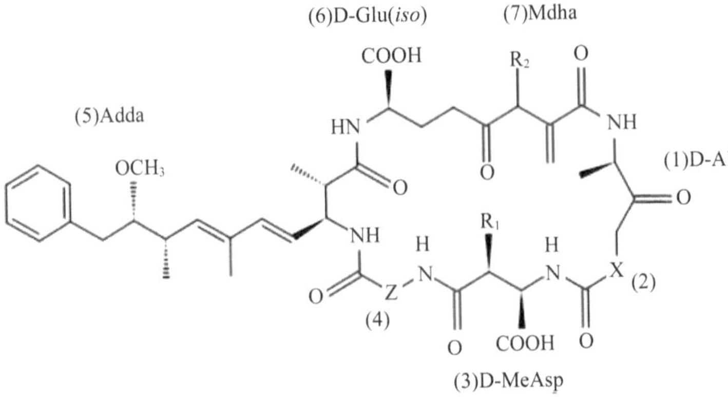

图 4.4-1　微囊藻毒素 MC-LR 结构示意图

（4）破坏生态系统稳定性：水华暴发会使水体中的能量流动、物质循环和信息联系被打破，原有生态系统群落关系结构失衡，食物链断裂，水体功能因此逐渐退化。水面覆盖着水华藻类，遮挡了阳光，水生植物得不到充足的阳光，水中溶解氧含量减小，水生动物得不到充足的氧气窒息死亡，水生生态系统平衡被破坏，无法抑制藻类生长，整个水体呈现厌氧环境，藻类死亡，产生大量毒素，进一步释放氮磷于水体中，加重水体富营养化，进一步加剧了水华的暴发，形成恶性循环。

（5）威胁饮用水安全：在世界范围内，当水源地受到水华影响时，依靠地表水作为饮用水源的人类可能通过各种途径摄入各种藻毒素。中国饮用水标准规定藻毒素浓度不得高于 $1~\mu g/L$。

（6）产生异味物质：主要是由于水源地附近水华藻类大量堆积，厌氧分解过程中产生了大量的 NH_3、硫醇、硫醚以及硫化氢等异味物质，降低周边人们的感官体验，甚至影响健康。

4.5　水华的防治

4.5.1　机械打捞

治理水华藻类最直接的办法就是机械打捞，在国内一些湖泊蓝藻暴发时，会组织多次打捞，避免蓝藻水华暴发持续危害水生生态，机械打捞能有效降低湖中的藻类密度，但机械打捞费时费力，成本较高。除此之外，机械打捞并不能改变水体富营养化的状况，不具有可持续性。除了机械打捞，还有紫外光、超声波、换水、曝气、过滤等一系列物理方法，但这些方法都存在耗时耗力、成本高、效果难以持续的问题。

4.5.2 黏土除藻

黏土除藻是通过阳离子交换以及凝集作用将藻细胞和颗粒凝聚沉降到水底,可以迅速降低水面藻细胞密度。黏土除藻对于海洋赤潮和深水湖泊水华有很好的去除作用,但黏土技术本身不能防止藻类再次泛滥,还有可能导致底泥的二次污染,因此现在较少采用。

4.5.3 化学杀藻

化学杀藻剂就是通过化学药剂来控制藻类增殖,常见的化学杀藻剂有硫酸铜、氯化铜、高锰酸钾、有机溴等。这些杀藻剂一方面通过金属离子抑制藻类的正常代谢而达到杀灭藻类的目的。另一方面则通过金属离子的絮凝作用沉降藻类而达到去除藻类的目的,但这些杀藻剂在去除藻类的同时,也会对其他水生生物造成危害,例如可能导致鱼类的大量死亡,对水体带来二次污染。因此,化学杀藻的方式也已经很少被推荐使用。

4.5.4 生物防治

目前的生物防治主要方向有三个,一是利用鱼类对藻类的摄食,二是引入溶藻微生物,三是利用生物间竞争。

鲢鱼、鳙鱼会摄食水中蓝藻,可以在蓝藻水华暴发的水域引入相关鱼类控制藻华,但这种方法对鱼类密度有一定要求,并且在一定程度上可能会加剧水环境质量恶化趋势,现有实践的偶然性较大,可操作性不足。

引入溶藻微生物就是利用一些细菌、真菌等微生物可以溶解蓝藻的特性来治理水华,但这种方法现在还停留在实验室阶段,在分子层面上研究其溶解蓝藻的机制,未能对其安全性以及对其他水生生物的影响做出判断,短时间都难以应用。

水生植物在生长时能削减水中氮磷等营养盐,遮蔽阳光,抑制藻类生长,改善水体水质。前文提到微囊藻的化感作用,抑制其他藻类的增殖,同样地,一些水生植物也会产生化感物质,对微囊藻生长起抑制作用。种植这类植物,能够抑制藻类生长,修复生境,逐步恢复水体生态环境,但这些水生植物生长耗时较久,较难控制,难以快速应对突发水华事件。针对这种情况,也有研究人员开始研究其他藻类对微囊藻的化感作用,但现阶段,相关实践性成果产出还较少。

第5章

监测及评价方法

5.1 监测方法

常用的藻类监测方法包括形态学监测法、生理学监测法、分子生物学监测法、遥感和光谱监测法等。此外,这些方法与自动监测技术、流式细胞术、免疫分析法、生物发光检测法、机器学习等技术手段结合,又可细分成很多具体的监测方法。

5.1.1 形态学监测

藻类形态学监测是通过对藻类形态、结构和生态学方面的观察和分析,评估环境质量、污染状况和生态系统健康状况的监测方法。这种监测方法可以提供关于水体中污染物的种类、浓度、来源和分布情况的信息,同时也可以反映水体中生物群落的组成和变化趋势。

显微观察法是最常用的形态学监测方法。显微观察法常作为藻类监测的首选方法。由于浮游植物细胞壁结构的有无,及其具有各种差异性,藻类的形态呈现出多样性与丰富性的特征,使用显微镜可以实现鉴定与分类,以此区分不同类群的藻类。

显微观察法通常包括采样、样品处理、显微镜观察、数据处理和分析、结果解释和报告等步骤,具体可参考《内陆水域浮游植物监测技术规程》(SL 733—2016)、《淡水浮游生物调查技术规范》(SC/T 9402—2010)、《水质 浮游植物的测定 0.1 mL 计数框-显微镜计数法》(HJ 1216—2021)等技术规范或标准。通常包括以下过程:

1. 采样

选择有代表性的水体或站点,用合适的采样器收集水样。浮游植物采样定量取样工具为采水器。采水器按照使用的规格分为 2.5 L、5 L、10 L 不等,主要采用有机玻璃采水器:通常在藻类密度较小的监测区域选择较大型的采水器,在浮游植物密度较大的区域选择较小的采水器。取指定水层或者混合水样 1~2 L,放入样品瓶内,加入水样体积 1%~1.5% 的鲁哥试剂进行固定。如有需要,可以另取一份鲜活样本,进行活体或原色观察。

2. 样品处理

将水样进行浓缩、稀释等处理,以便获得适宜浓度,在显微镜下观察和鉴定藻类的种类和数量。样品应尽快带回实验室进行浓缩或稀释处理。水样带回实验室后,放在稳定的实验台上,静置 24~48 h。用细小虹吸管小心吸取上层清液,将沉淀后的样品置入带刻度的标本瓶中,再用少许纯水冲洗容器 2~3 次,最后定容到 50 mL。如定容过程中样品量超过 50 mL,可继续静置 24 h 以上,移去上清液。如果瓶体被明显扰动,需再次沉淀。如果需要长期保存,可以加入 10% 福尔马林溶液固定。为防止甲醛挥发,可采用石蜡、凡士林封口长期保存。

3. 显微镜观察

将处理后的样品放在显微镜下观察,记录藻类的形态、结构、数量等信息。浮游植物的计数方法采用目镜视野法进行,采用 0.1 mL 浮游生物计数框,均匀抽取 0.1 mL 水样进行鉴定及计数。浮游植物的物种鉴定工作通常由具有专业能力的监测人员完成,对于优势物种和常见物种,一般鉴定到种或属。

4. 数据处理和分析

对观察到的数据进行统计和分析,比较不同时间、不同站点、不同污染源之间的差异和变化趋势。

5. 结果解释和报告

根据分析结果,对环境质量和生态系统的健康状况进行评估,提出相应的建议和措施。

显微观察法通过直接观察藻类的形态和结构,能够提供直观、准确的信息。其操作简便、成本较低、方法较为成熟,适合大规模的监测工作。但是用直接观察法进行观察和鉴定时,需要专业知识和经验,对人员的培训和能力要求较高。且直接观察法的鉴定方式存在特定的条件,首先藻类的体积必须足够大,一般要求其直径在 10 μm 以上;其次,要求被鉴定藻类具有类群特性,借助显微镜观测可以对藻类进行种类鉴定和计数统计。

实验室内结合自动分析技术,采用机器自动扫描替代人工镜检,采用智能识别的方式进行图片比对,并通过机器学习等技术,训练大量的数据,不断丰富数据库,自动识别出水体中藻类的类型和数量,可以实现实验室浮游植物(藻类)自动分类计数。这种方法可以处理大量的数据,并且可以自我学习和改进,提高监测的准确性和效率。目前市面上有多套浮游植物(藻类)自动分类计数仪在售,并且得到了较好的应用。

通常浮游植物自动监测技术有两方面应用。一是辅助样品的分类鉴定、定量计数,这种技术目前在实验室和野外自动监测站已经有一些应用。二是通过荧光法,对叶绿素、藻蓝蛋白等色素进行检测,实现对蓝绿藻、硅藻、甲藻、隐藻的快速定量和在线监测。目前已经有多款叶绿素或蓝绿藻在线监测仪,测量原理是基于荧光光度计原理,它主要由氙灯光源、光栅、光电倍增管、A/D转换器、计算机等组成。当光线以一个特定的波长[叶绿素 a(Chl-a)在430 nm,蓝绿藻在 590 nm]射出(激发态),某些化学物质会再发射出一种较前者更长的波长(叶绿素 a 在 680 nm,蓝绿藻在 650 nm)的光(发射态)。非常少量的化学物质就会发出具有高度选择性荧光而得以测量。这些发射光可以被一个高精密的光电倍增器检测到,从而可以检测出几个纳克的低浓度。

另外,也有一些可以同时对绿藻、蓝绿藻、棕藻(硅藻和甲藻)及隐藻进行快速定量的监测仪器设备,可直接检测叶绿素荧光,并且可以通过用不同颜色的发光二极管作激发光源,区分藻的类别,以计算含量,分别估计出不同类别藻的浓度。该设备还可以检测样本中叶绿素荧光活性,即在特定条件下显示光合作用意义下活叶绿素的百分比,适合水藻类暴发性繁殖、河流湖泊藻类生长等情况的在线监测。

5.1.2 生理学监测

藻类生理学监测是以植物生理学为基础,对藻类生长发育、光合作用、营养、呼吸、代谢产物的运转、累积和抗性等功能进行分析,对其各种生理学数据进行检测,以得到量化的生理学成果。

1. 叶绿素 a 测定法

叶绿素 a 是浮游藻类的重要指标之一,因此测量叶绿素 a 的含量可以反映水体中藻类的数量和种类。通常采用分光光度法测定叶绿素 a 的含量,需要采集一定体积的水样,经过滤、洗涤、干燥后,用分光光度计测量叶绿素 a 的吸光度,根据标准曲线计算叶绿素 a 的含量。该方法的优点是操作相对简单、快速,可以反映水体中藻类的相对数量和种类,适用于大范围的水体监测。但是,由于叶绿素 a 的含量受到多种因素的影响,如季节、气候、营养盐等,需要结合其他指标进行综合分析。

2. 色素测定法

由于大多数藻类的细胞色素具有高度的特征性,其不同种类的特征吸收波长并不相同,具有明显的光学特征,比如藻类划分中就有以颜色划分的红藻、绿藻、棕藻、硅藻四大类群。藻类的光学特征也属于形态学的一部分,其色素组成、细胞外形、内含物结构都存在类群特异性。这种基于光学特征的方法在纲、目等较高分类水平上十分精确,结合分析仪器,可以简单快捷地分析鉴定环境藻类样品。

通过高效液相色谱(High Performance Liquid Chromatography,HPLC)等手段,根据检测出的色素丰度可以推测出各个特异性色素所属类群的相对比例,可同时分析藻类的种类与数量。

3. 黑白瓶测氧法

黑白瓶测氧法是一种用于测量水体中初级生产量的方法。通过比较一段时间内有无光照的条件下水中氧气浓度的差别,可计算出植物光合作用形成的初级生产量。

该方法需要使用到以下设备:黑白瓶、绳子或支架、水器、水温计、水下照度计或透明度盘等。黑白瓶测氧法的具体操作为:将几只注满水样的白瓶和黑瓶悬挂在采水深度处,曝光 24 h,黑瓶中的浮游植物由于得不到光照只能进行呼吸作用,因此黑瓶中的溶解氧就会减少。而白瓶完全暴露在光下,瓶中的浮游植物可进行光合作用,因此白瓶中的溶解氧量一般会增加。所以,通过黑白瓶间溶解氧量的变化,就可估算出水体的生产力。采水与挂瓶的固定与分析曝光结束,立即取出黑瓶和白瓶,测定溶氧量。使用黑白瓶测氧法时需要注意:在晴天进行,上午挂瓶;有机质高时用连续测定法;避免出现负值;光合作用强时报告中注明记录水温、水深、透明度等,主要分析无机磷、无机氮环境标准、营养类型等。

4. 微囊藻毒素测定法

对微囊藻毒素的有效监测一直是藻类生理学研究的重要领域。微囊藻毒素作为一种藻类代谢产物,水中的鱼、虾等生物体内均可存在累积现象。微囊藻毒素的分子量很大并且水分配系数比较低,所以其大部分是通过食用途径进入生物体内,从而造成水体污染,进而威胁人类健康。而常见的微囊藻毒素检测方法有生物测试法、化学分析法和生化分析法等。

生物测试法是通过培养水生动植物来监测微囊藻毒素,通过观测微囊藻的各种毒性反应和水生动物的内脏受损情况来得出监测结果。化学分析法主要包括气相色谱法和液相色谱法、液相色谱-质谱联用以及薄层色谱法等。液相色谱法作为多个国家的标准检测方法写入行业规范中,是目前主流测试方法,该方法首先对微囊藻进行分离,然后通过紫外光、荧光等进行检测。液相色谱法可以对比微囊藻样品与标准样品的保留时间,对微囊藻进行定性分析,通过被测样品与标准样品的峰面积对比得到毒素的精准定量。生化检测法主要包括蛋白磷酸酶抑制分析法、酶联分析法、竞争性结合检测法等。生化分析法中生成的抗体往往只能针对单一微囊藻毒素,鉴别多种微囊藻毒素时需要培养多种抗体。

5.1.3　分子生物学监测方法

分子生物学是研究核酸、蛋白质等生物大分子的功能、形态结构特征及其重要性和规律性的科学。随着技术的发展和普及,利用分子生物学技术,对环境 DNA 进行提取、纯化、测序和定量检测,可以对浮游植物进行定性和定量监测。

生态离不开生命,而核酸、蛋白质等大分子就是生命的基础之一。近年来,生态环境污染治理和监测的精确性要求日益增强,研究层次日趋深入,生态环境污染治理和监测已逐渐由宏观向微观发展。利用分子生物学技术已揭示了许多生态学中的重要机理,同时,先进的分子生物学技术也为环境监测、污染治理和生态修复等应用技术提供了更快速、更灵敏、更科学的依据与方法。

起初,分子生物学技术主要应用于有害藻华的研究,其主要集中在借助聚合酶链式反应(Polymerase Chain Reaction,PCR)技术,通过原核生物的特异性引物来辅助鉴定有害藻华暴发过程中的优势物种,是对传统光学鉴定方法的有效补充。近年来,随着现代分子生物学技术的飞速发展,高通量测序技术、基因微阵列技术被广泛应用于有害藻华形成种的基因组和转录组特性的鉴定与识别,而研究的方向也逐渐导向了如藻华发生过程中的生物群落以及功能基因的动态组成。

1. 定性监测

在浮游植物定性分析过程中,通常会有些形态相似的种类,哪怕对于研究多年的专家来说,这些种类也很难区分到种,实现准确鉴定,更不必说基础的生态监测工作者了。例如,某水体发生藻类水华,那么这种藻是哪种藻?是否产毒素?产生的毒素有些什么特征?这些问题,从形态学上分辨,可能效果有限,藻毒素的化学分析也必须等到毒素释放之后才能检测得到,因而难以提前采取相关的防控措施。而如果采用分子生物学手段,提取 DNA 等遗传物质,进行 PCR 扩增,再进行基因测序,或者使用基因探针等,均可快速实现种类鉴定。目前,测序技术、探针技术等已经相当普及,成本低廉,可以逐步应用到一线生态监测中。

2. 定量监测

每个生物个体都有其特殊的基因,但是每一个物种都有其属于本物种的特征基因。通过对这些基因的检测,可以定性,同样,对基因量的检测,可以对物种进行定量分析。

在浮游植物定量检测中,通过定量提取 DNA、蛋白质等物质后,在微量紫外分光光度计上进行浓度测定,可用于定量监测。更高级的荧光定量 PCR 技术和数字 PCR 技术,可以实现对特征基因拷贝数的定量,从而实现对物种的个体数的定量分析。

5.1.4　遥感监测和地基高光谱监测

浮游植物遥感监测方法是利用地面、航空、航天等遥感平台对水体进行探测,诊断水体的反射、发射、吸收特征的变化,从而快速地获取水体中藻类的空间分布位置,计算浮游植物分布面积及其所占水体面积比例的监测方法。

采用卫星遥感影像数据监测蓝藻水华主要是基于清洁水体光谱与含有浮游植物的水体光谱的差异。浮游植物聚集在水体表面,因其对红光波段的强吸收导致产生的红光波段反射率较低,在近红外波段具有类似于植被光谱曲线特征的"反射峰平台效应",近红外波段反射率较高。而清洁水体对近红外波段有强烈的吸收作用,导致反射率较低。因此,通过计算植被指数可以区分清洁水体和浮游植物密度较大的水体。

遥感技术具有大范围、快速、准确等优点,可以反映水体中藻类的空间分布和动态变化。遥感与地理信息系统(GIS)综合信息相结合,是利用遥感技术获取水体表面的宏观信息,再结合 GIS 技术获取水体的地形、水文等空间信息,为藻类监测提供更为全面的数据支持。遥感与 GIS 综合信息法可以反映水体中藻类的空间分布和动态变化,适用于大范围的水体监测。通过对这些图像的分析和处理,可以了解水体中藻类的种类、数量和分布等信息。但是,遥感技术需要专业的遥感器和数据处理系统,同时处理和分析数据也需要一定的技能和经验。遥感监测在太湖水华、沿海赤潮等监测中,已取得较好的效果。目前已经有《水华遥感与地面监测评价技术规范（试行）》（HJ 1098—2020）等技术规范出台。

此外，通过地基的高光谱监测，也可以实现对浮游植物的监测。光谱学方法是利用藻类对光线的吸收和反射特性，对水体中的藻类进行监测的方法。该方法可以通过对水体进行光谱扫描，获取水体的光谱曲线，通过分析这些曲线的特征，可以了解水体中藻类的种类、数量和生长状态等信息。光谱学方法具有非破坏性、连续监测等优点，适用于大范围的水体监测。

水生态遥感常用的仪器有红外扫描仪、多光谱扫描仪、微波系统和激光雷达等。监测对象主要是水面油污染、水中悬浮物、污水排放、赤潮藻类的类型和密度等。利用计算机、通信网络、计算机辅助设计技术手段，可以实现水生态环境的在线监测系统；并可利用 GPRS 等无线传输技术，实现水体水生态环境自动监测数据的实时传输。目前，在蓝藻水华、森林植被等的生态监测中，遥感监测已崭露头角。

水体的光学特征集中表现在可见光在水体中的辐射传输过程，包括水面的入射辐射、水的光学性质、表面粗糙度、日照角度与观测角度、气-水界面的相对折射率，以及在某些情况下还涉及水底反射光等。水体的光谱特性不仅是通过表面特征确定的，它还包含了一定深度水体的信息，且这个深度及反映的光谱特性是随时空而变化的。水色（即水体的光谱特性）主要决定于水体中浮游生物含量（叶绿素浓度）、悬浮固体含量（混浊度大小）、营养盐含量、有机物质、盐度指标以及其他污染物、底部形态（水下地形）、水深等因素。

对于清水，在蓝—绿光波段反射率为 $4\%\sim5\%$，$0.5\ \mu m$ 以下的红光部分反射率降到 $2\%\sim3\%$，在近红外、短波红外部分几乎吸收全部的入射能量，因此水体在这两个波段的反射能量很小。这一特征与植物形成十分明显的差异，水在红外波段（NIR、SWIR）强吸收，而植物在这一波段有一个反射峰，因而在红外波段识别水体是较容易的。

2. 遥感在浮游植物监测中的应用

水体的富营养化通常表现为藻类的大量繁殖，在一定条件下，藻类死亡分解可能导致水体溶解氧大量消耗和藻毒素的释放，从而导致鱼类和贝类的死亡，危害供水安全。这些藻类以蓝绿藻为主，均含有叶绿素 a，它们的存在使得近红外波段进入水体反射率明显上升。叶绿素在蓝波段的 440 nm 以及红波段的 678 nm 附近有显著的吸收，当藻类密度较高时水体光谱反射曲线在这两个波段附近出现吸收峰值。因此可利用遥感影像对其进行动态监测预警。

在水体富营养化的研究中,水体在藻类大量繁殖和大量死亡分解阶段均体现不同的光谱特征。浮游植物中的叶绿素对近红外光具有明显的"陡坡效应"。在藻类大量繁殖时,水体在彩色红外像呈红褐色或紫红色;当藻类大量死亡后,水中含有丰富的消光性有机分解物,在影像上水体会呈现近于蓝黑的暗色调,这两阶段在影像上也可能出现综合反映。

此外,含有不同色素种类和组成的浮游植物会表现出不同特征的激发荧光光谱和发射荧光光谱。因此可以通过荧光光谱鉴定浮游植物色素种类的方法间接鉴定水体中的浮游植物。

利用遥感技术实现水生态监测具有重要的现实意义。2007 年太湖暴发大规模蓝藻水华,引起了人们对水生态环境的重视。利用卫星遥感、GIS 等新兴技术手段对太湖、巢湖、滇池等大型湖泊进行水生态监测,尤其是蓝藻水华的监测,已经收到了较好的效果,为蓝藻水华动态监测以及防治决策提供了重要的技术参考,为社会经济的可持续发展提供了技术支持。

5.1.5 在线监测法

通过荧光法,结合自动监测技术,可以实现藻类的野外自动在线监测分析。利用在线监测,可尽早发现水质的异常变化和水生生物的异常反应,为区域水质污染和其他生态灾害的快速预警预报提供可靠的帮助。在线自动监测还可以实现水质信息的在线查询和共享,可快速为管理决策提供科学依据。

通过荧光法对叶绿素、藻蓝蛋白等色素进行检测,实现原位对蓝绿藻、硅藻、甲藻、隐藻的快速定量和在线监测。高频的在线监测,将实时监测数据传输至服务器,无须人工手动测量,大大提高了测量效率,同时获取到更多更丰富的测量数据。原位的实时在线监测更加最有代表性,水样若经过转移及处理,测量出来的数据可能存在较大误差,且时效性较差,而在线监测系统可实现藻类的实时监测。

5.2 评价方法

5.2.1 指示生物评价法

指示生物法是指根据对水环境中有机污染或某种特定污染物质敏感的

或有较高耐受性的水生生物种类的存在或缺失,来指示其所在水体污染状况的方法。

各种生物对环境因素的变化都有一定的适应范围和反应特点,生物的适应范围越小,反应越典型,对环境因素变化的指示越有意义。选作指示种的生物是生命期较长、活动场所比较固定、易于采集的生物,可在较长时期内反映其所在环境的综合影响。静水中指示生物主要为底栖动物或浮游生物,流水中主要用底栖动物或着生生物,鱼类也可作为指示生物,大型无脊椎动物是应用最多的指示生物。如石蝇稚虫、蜉蝣稚虫等多的地方表明水域清洁,颤蚓类和蜂蝇稚虫等多的地方表明水域受有机物污染严重。

指示生物对环境因素的改变有一定的忍耐和适应范围,同一物种可以出现在不同污染程度的水体,因此并不能仅凭有无指示生物来评价水体污染状况和生态状况。

5.2.2 生物指数评价法

生物指数评价法是利用筛选的指示生物(indicator organism)或生物类群与水体质量的相关性,特别是考虑它们与污染物之间的关系,从而划分不同污染程度的水体。长期以来,水生态系统中生物的结构组成以及它们的种类、数量及丰度随水污染程度而变化,这一现象受到人们的极大关注。很多研究致力于使这种变化数量化,并与水体质量建立联系,从而有效地评价和监测水污染状况。比较常用的如硅藻污染耐受指数(PTI)、富营养化硅藻指数(TDI)、Lloyd-Ghelardi 均匀度指数、Berk 生物指数、相似性指数、生物指数(BI)等。

5.2.3 多样性指数评价法

种类多样性指数评价法是应用数理统计法求得表示生物群落的种类和个体数量的数值,用以评价环境质量。它是定量反映生物群落结构(种类、数量)及群落中各种类组成比例变化的信息。其理论基础是:在清洁水体中,生物种类多样,数量较少;在污染水体中敏感种类消失,耐污种类大量繁殖,种类单纯,数量很大。多样性指数法的优点在于确定物种、判断物种耐性的要求不严格,因此较为简便。比较常用的多样性指数有马格列夫(Margalef)多样性指数、香农-威纳(Shannon-Wiener)多样性指数、辛普森(Simpson)多样性指数和 Pielou 均匀度指数等。

生物多样性指数评价能够定量地反映生物群落内物种多样性程度,是用来判断生物群落结构变化或生态系统稳定性的指标,对于掌握群落动态变化以及合理利用生物资源具有重要的意义。在长江上游水生物资源与环境调查中,常用 Shannon-Wiener 多样性指数评价其生物群落物种多样性。采用 Shannon-Wiener 多样性指数(H'),从不同方面对藻类多样性进行评价。各个指数的计算公式如下:

Shannon-Wiener 多样性指数:

$$P_i = N_i / N$$
$$H' = -\sum P_i \ln P_i$$

式中:H 为多样性指数;P_i 为第 i 种浮游植物的比例。

采用 Shannon-Wiener 多样性指数评估水生态状况,并采用线性插值法计算浮游植物赋分值。

表 5.2-1　浮游植物 Shannon-Wiener 多样性指数评估赋分表

Shannon-Wiener 多样性指数数值	赋分标准
>4	80~100
3~4	60~80
2~3	40~60
1~2	20~40
0~1	0~20

采用浮游植物 Margalef 丰富度指数评估水生态状况,并采用线性插值法计算浮游植物赋分值。

Margalef 指数:

$$D = (S - 1) / \ln N$$

式中:S 为群落中的总数目;N 为观察到的个体数。

表 5.2-2　浮游植物 Margalef 丰富度指数评估赋分表

Margalef 丰富度指数数值	赋分标准
>4	80~100
3~4	60~80
2~3	40—60
1~2	20~40
0~1	0~20

5.2.4 完整性指数评价法

生物完整性的概念由美国生态学家 Karr 提出,最初的含义是指生物群落维持平衡的能力,现在是指区域内生物群落维持物种组成、多样性、结构和功能稳态(动态稳定)的能力,这种能力与区域所提供的生境具有对应关系,生物完整性指数(Index of Biological Integrity, IBI)即是上述能力的度量。

通常认为生态系统健康由生态系统、的完整性、系统活力和恢复力组成,其中完整性是基础。水生生物的完整性可作为诊断、最小化和防止河流退化的有效工具。

根据生物类群可分为鱼类生物完整性指数(Fish IBI, F-IBI)、底栖生物完整性指数(Benthic IBI, B-IBI)、浮游植物完整性指数(Phytoplankton IBI, P-IBI)、固着藻类生物完整性指数(Alga IBI, A-IBI)、水生植物生物完整性指数(Aquatic Plants IBI, AP-IBI)和微生物完整性指数(Microbe IBI, M-IBI)等。通常,不同生物类群分别使用上述对应生物完整性指数。

浮游植物完整性指数,是基于浮游植物的定性定量数据,通过一系列表征其特性、数量、多样性等不同类型的指标,构建其指标体系,并通过筛选找出核心指标,再进行评价。

生物完整性指数的建立需要以下几个步骤:

(1) 样点设置以及数据资料收集。

(2) 参照点与受损点的确定:按照受人类活动干扰程度大小等标准,将样点分为无干扰样点、干扰极小样点和干扰样点。选取无干扰样点或干扰极小样点,作为参考点;而其余明显受影响的干扰样点,作为受损点。

(3) 候选指标的选择:基于定量数据,选择能反映环境影响和变化的指标作为候选指标。

(4) 经分析统计后,按以下步骤进行筛选,得到构建 P-IBI 评价指标体系的核心指标。①分布范围分析:分析统计量分布范围,剔除分布范围过小或波动过大的指标;②判别能力分析:比较参照点和受损点箱体 IQ(25%至75%分位数范围)的重叠情况,分析参考点和受损点之间的差异大小,以剔除判别能力较差的指标;③进行相关性分析:考察指标间的信息重叠程度,剔除显著相关、意义重复的指标。

(5) 通过比例法等方法统一评价量纲,计算 P-IBI 指数:在核心指标的基础上,计算各个核心指标在全部样点中的 95% 或 5% 分位数的值,并采用比值法计算 P-IBI 值。对于随干扰增大而值减小的指标,以 95% 分位数的指标值为最佳期望值,样点指标分值＝实测值/最佳期望值;对于随干扰增大而值增大的指标,则以 5% 分位数的指标值为最佳期望值,指标分值＝(最大值-实测值)/(最大值-最佳期望值),最后将核心指标分值累加,得出各样点的 P-IBI 总分值。

(6)建立 P-IBI 指数体系,将完整性等级划分为健康、亚健康、一般、较差和极差等不同等级。应用 P-IBI 评价水体的生物完整性程度,与理化和生境等参数进行相关性分析。

IBI 整合了一组变量或参数,将各参数值转化为无量纲分值,再将其集合成单个指数(总记分值)。IBI 的核心参数代表了生态系统的各种结构及功能属性,比如物种丰富度、相对丰度、优势度、功能摄食类群、污染耐受性、生活史对策、疾病及密度,因此,它可以有效地指示某一生物类群对自然或人为环境压力的响应。

5.2.5　水质评价标准

浮游植物的监测,通常需要和水质监测同步开展,以获取相应的水质和生态信息。

参照《地表水环境质量标准》(GB 3838—2002)和《地表水资源质量评价技术规程》(SL 395—2007)、《地表水环境质量评价办法(试行)》(环办〔2011〕22 号)确定地表水水质评价指标、数据统计方法、评价标准限值。

1. 评价指标

地表水水质评价指标选取《地表水环境质量标准》(GB 3838—2002)表 1 中除水温、总氮、粪大肠菌群以外的 21 项指标,包括 pH 值、溶解氧、化学需氧量、高锰酸盐指数、五日生化需氧量(BOD_5)、总磷、氨氮、硫化物、氰化物、氟化物、六价铬、砷、汞、硒、铜、铅、镉、锌、挥发酚、石油类、阴离子表面活性剂等。水温、总氮、粪大肠菌群作为参考指标单独评价(河流总氮除外)。在 COD 大于 30 mg/L 的水域宜选用化学需氧量;在 COD 不大于 30 mg/L 的水域宜选用高锰酸盐指数。

2. 数据统计方法

月度评价采用断面月均值进行评价;年度评价以各月监测数据的算术平均值进行评价。

3. 评价标准限值

评价指标限值参照《地表水环境质量标准》(GB 3838—2002)进行评价(见表 5.2-3)。

表 5.2-3　地表水环境质量标准基本项目标准限值　　单位:mg/L

序号	项目		Ⅰ类	Ⅱ类	Ⅲ类	Ⅳ类	Ⅴ类
1	水温（℃）		人为造成的环境水温变化应限制在: 周平均最大温升≤1 周平均最大温降≤2				
2	pH 值(无量纲)		6～9				
3	溶解氧(DO)	≥	饱和率 90% （或 7.5）	6	5	3	2
4	高锰酸盐指数 （CODMn）	≤	2	4	6	10	15
5	化学需氧量 （COD）	≤	15	15	20	30	40
6	五日生化需氧量 （BOD5）	≤	3	3	4	6	10
7	氨氮(NH3-N)	≤	0.15	0.5	1.0	1.5	2.0
8	总磷(以 P 计)	≤	0.02 (湖、库 0.01)	0.1 (湖、库 0.025)	0.2 (湖、库 0.05)	0.3 (湖、库 0.1)	0.4 (湖、库 0.2)
9	总氮(湖、库, 以 N 计)	≤	0.2	0.5	1.0	1.5	2.0
10	铜	≤	0.01	1.0	1.0	1.0	1.0
11	锌	≤	0.05	1.0	1.0	2.0	2.0
12	氟化物(以 F 计)	≤	1.0	1.0	1.0	1.5	1.5
13	硒	≤	0.01	0.01	0.01	0.02	0.02
14	砷	≤	0.05	0.05	0.05	0.1	0.1
15	汞	≤	0.000 05	0.000 05	0.000 1	0.001	0.001
16	镉	≤	0.001	0.005	0.005	0.005	0.01
17	铬(六价)	≤	0.01	0.05	0.05	0.05	0.1
18	铅	≤	0.01	0.01	0.05	0.05	0.1
19	氰化物	≤	0.005	0.05	0.02	0.2	0.2
20	挥发酚	≤	0.002	0.002	0.005	0.01	0.1
21	石油类	≤	0.05	0.05	0.05	0.5	1.0
22	阴离子表面活性剂	≤	0.2	0.2	0.2	0.3	0.3
23	硫化物	≤	0.05	0.1	0.2	0.5	1.0
24	粪大肠菌群(个/L)	≤	200	2000	10 000	20 000	40 000

5.2.6 水体营养状态分级

水体营养状态分级一般有两种方法可供选择使用。参照《地表水资源质量评价技术规程》(SL 395—2007)或《湖泊(水库)富营养化评价方法及分级技术规定》(总站生字〔2001〕090 号)来确定水体营养状态等级。

1. 水利标准

参照《地表水资源质量评价技术规程》(SL 395—2007)开展水体富营养状态评价。湖库营养状态评价标准及分级方法见表 5.2-4。

表 5.2-4 湖泊(水库)营养状态评价标准及分级方法

营养状态分级 (EI＝营养状态指数)		评价项目 (赋分值 En)	总磷 (mg/L)	总氮 (mg/L)	叶绿素 (mg/L)	高锰酸盐 指数(mg/L)	透明度 (m)
贫营养 (0≤EI≤20)		10	0.001	0.020	0.000 5	0.15	10
		20	0.004	0.050	0.001	0.4	5.0
中营养 (20＜EI≤50)		30	0.01	0.10	0.002	1.0	3.0
		40	0.025	0.30	0.004	2.0	1.5
		50	0.05	0.50	0.010	4.0	1.0
富营养	轻度富营养 (50＜EI≤60)	60	0.10	1.0	0.026	8.0	0.5
	中度富营养 (60＜EI≤80)	70	0.20	2.0	0.064	10	0.4
		80	0.60	6.0	0.16	25	0.3
	重度富营养 (80＜EI≤100)	90	0.90	9.0	0.4	40	0.2
		100	1.3	16.0	1.0	60	0.12

湖库营养状态评价项目应包括总磷、总氮、叶绿素 a、高锰酸盐指数和透明度。其中,叶绿素 a 为必评项目。

评价方法:湖库营养状态评价采用指数法。

根据表 5.2-4,采用指数法进行湖库营养状态评价的具体步骤为:

(1) 采用线性插值法将水质项目浓度值转换为赋分值。

(2) 按下述公式计算营养状态指数(EI)。

$$EI = \sum_{n=1}^{N} E_n / N$$

式中:EI 为营养状态指数;E_n 为评价项目赋分值;N 为评价项目个数。

(3) 参照表 5.2-4,根据营养状态指数确定营养状态分级。

2. 环保标准

参考《湖泊(水库)富营养化评价方法及分级技术规定》(总站生字〔2001〕090 号)来确定水体营养状态等级。采用 0~100 的一系列连续数字对湖泊(水库)营养状态进行分级：

$TLI(\sum)$<30 时,贫营养;

30≤$TLI(\sum)$≤50 时,中营养;

$TLI(\sum)$>50 时,富营养;

50<$TLI(\sum)$≤60 时,轻度富营养;

60<$TLI(\sum)$≤70 时,中度富营养;

$TLI(\sum)$>70 时,重度富营养。

综合营养状态指数计算公式如下：

$$TLI(\sum) = \sum W_j \cdot TLI(j)$$

式中：$TLI(\sum)$为综合营养状态指数；W_j 为第 j 种参数的营养状态指数的相关权重；$TLI(j)$为代表第 j 种参数的营养状态指数。

以 Chl-a 作为基准参数,则第 j 种参数的归一化的相关权重计算公式为：

$$w_j = \frac{r_{ij}^2}{\sum\limits_{j=1}^{m} r_{ij}^2}$$

式中：r_{ij} 为第 j 种参数与基准参数 Chl-a 的相关系数；m 为评价参数的个数。

中国湖泊(水库)的 Chl-a 与其他参数之间的相关关系 r_{ij} 及 r_{ij}^2 见表 5.2-5。

表 5.2-5 中国湖泊(水库)部分参数与 Chl-a 的相关关系 r_{ij} 及 r_{ij}^2 值

参数	Chl-a	TP	TN	SD	COD$_{Mn}$
r_{ij}	1	0.84	0.82	−0.83	0.83
r_{ij}^2	1	0.705 6	0.672 4	0.688 9	0.688 9

各项目营养状态指数计算：

$TLI(\text{Chl-a})=10(2.5+1.086\ln\text{Chl-a})$

$TLI(\text{TP})=10(9.436+1.624\ln\text{TP})$

$TLI(\text{TN})=10(5.453+1.694\ln\text{TN})$

$TLI(\text{SD})=10(5.118-1.94\ln\text{SD})$

$TLI(\text{COD}_{Mn})=10(0.109+2.661\ln\text{COD}_{Mn})$

式中:Chl-a 单位为 mg/m³,SD 单位为 m,其他指标单位均为 mg/L。

5.2.7　水华风险评价

采用浮游植物密度评价水华程度,其分级标准及相应的特征描述见表 5.2-6,需注明水华发生的优势种。

表 5.2-6　水华风险评价标准

水华程度级别	浮游植物密度（个/L）	水华特征	表征现象参照
I	$0 \leqslant D < 2.0 \times 10^6$	无水华	水面无藻类聚集,水中基本识别不出藻类颗粒
II	$2.0 \times 10^6 \leqslant D < 1.0 \times 10^7$	无明显水华	水面有藻类另行聚集;或能够辨别水中有少量藻类颗粒
III	$1.0 \times 10^7 \leqslant D < 5.0 \times 10^7$	轻度水华	水面有藻类聚集成丝带状、条带状、斑片状等;或水中可见悬浮的藻类颗粒
IV	$5.0 \times 10^7 \leqslant D < 1.0 \times 10^8$	中度水华	水中有藻类聚集,连片漂浮,覆盖部分监测水体;或水中明显可见悬浮的藻类
V	$D \geqslant 1.0 \times 10^8$	重度水华	水面有藻类聚集,连片漂浮,覆盖大部分监测水体;或水中明显可见悬浮的藻类

第6章

长江上游干流重庆段监测实践

6.1 区域概况

长江干流重庆段上起永川区长江入重庆处,下至巫山县培石乡长江出重庆处,河段长约 691 km(图 6.1-1)。长江自西向东横贯重庆市境域,流经江津区、永川区、巴南区、大渡口区、九龙坡区、南岸区、渝中区、江北区、渝北区、长寿区、涪陵区、丰都县、忠县、石柱县、万州区、云阳县、奉节县、巫山县共 18 个区县。

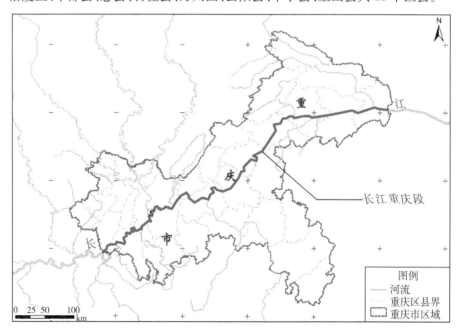

图 6.1-1 长江干流重庆段位置示意图

长江干流重庆段大部分属于三峡库区。三峡库区是指受长江三峡工程淹没的地区,是三峡水电站建成后蓄水形成的人工湖区(图 6.1-2),涉及江津区及重庆核心城区(渝中区、江北区、南岸区、九龙坡区、沙坪坝区、渝北区、巴南区、大渡口区、北碚区等)、长寿、涪陵区、武隆区、丰都县、忠县、石柱县、万州区、开州区、云阳县、奉节县、巫溪县、巫山县;湖北省辖区内主要包括恩施州所辖的巴东县,宜昌市所辖的兴山县、秭归县、夷陵区等。长江干流重庆段和三峡库区重庆段有很大部分河段是重合的(图 6.1-3)。

图 6.1-2　三峡库区示意图

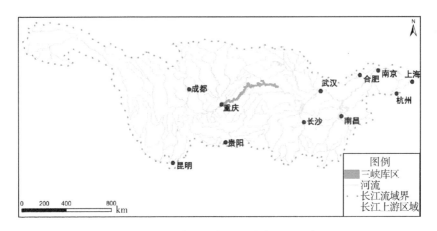

图 6.1-3　三峡库区在长江流域位置示意图

6.2 监测概况

长江委水文上游局在长江上游干流重庆段设置了朱沱、寸滩、清溪场、万县等水文水质水生态同步监测站点,开展了水文气象因子、水质因子、水生态因子的同步监测。其监测站点位置示意图见图 6.2-1。

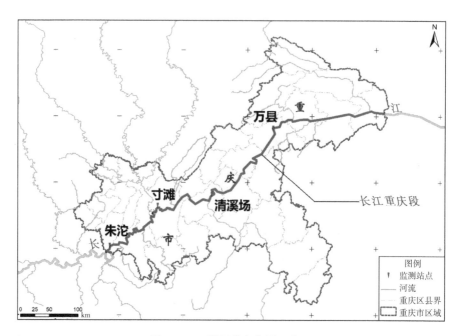

图 6.2-1 监测站点位置示意图

水文气象因子主要包括水位、流量、流速、水温、气温等;水质因子主要包括 pH 值、电导率、透明度、溶解氧、叶绿素 a、高锰酸盐指数、总磷、总氮等;水生态参数包括浮游植物定性和浮游植物定量等。目前浮游植物监测点主要布设在三峡库区的朱沱、寸滩、清溪场、万县等长江干流断面,每个季度监测一次(图 6.2-2)。

6.2.1 朱沱水文水质水生态同步监测站

朱沱水文站建于 1954 年 4 月,是国家基本水文站和中央报汛站,隶属长江委水文上游局江北分局。

朱沱水文站位于重庆市永川区朱沱镇福龙桥社区。因长江回旋,有深泓一沱,加之朱姓居多,因此得名朱家沱,简称朱沱。其集水面积 694 725 km²,

图 6.2-2　水文水质生态同步监测采样现场

距河口 2 645 km,距上游宜宾(金沙江、岷江、长江)三江交汇处约 228 km,距长江李庄水文站约 209 km,距下游重庆朝天门(长江、嘉陵江交汇处)约 141 km,距寸滩水文站约 148 km。测验河段顺直长约 3.5 km,上游约 35 km 处为长江上游干流与赤水河汇入口,下游约 5 km 处有永川长江大桥。

朱沱水文站为金沙江、岷江、横江、沱江、赤水河等重要支流汇入长江后的首个长江干流水情控制站,是为控制这些主要支流汇入后的水情变化规律,以及认识河流水文特性而建立,防汛测报地位和功能十分突出,属国家基本水文站。为国家收集基本水文资料,为防汛抗旱服务,为水资源监督管理服务,是水量分配省界监测断面。

测验项目有水位、流量、悬移质输沙率、降水、颗分、卵石推移质、沙质推移质、水质分析等,其中流量测验为一类精度,泥沙测验为二类精度。2012 年 7 月 23 日,出现建站以来最高水位和最大流量;1978 年 3 月 8 日,出现最低水位和最小流量;1972 年 5 月 28 日,实测最大含沙量 11.6 kg/m³。

6.2.2　寸滩水文水质水生态同步监测站

寸滩水文站设立于 1939 年 2 月,是国家基本水文站、中央报汛站。隶属长江委水文上游局江北分局。

寸滩水文站位于重庆市江北区寸滩街道三家滩,集水面积为 866 559 km^2。测验河段顺直长约 2.3 km,最大水面宽 822 m,缆道跨度 1 197 m,左岸排架房共 9 层,高约 40 m。断面基本稳定。左岸水尺沿线从高到低,设有 1870 年、1788 年、1905 年、2020 年、1981 年 5 个洪痕标记。上游约 7.5 km 处为长江与嘉陵江汇合口,下游约 0.7 km 处有寸滩长江大桥。

寸滩站防汛测报地位和功能十分突出,寸滩站是金沙江、岷江、沱江、嘉陵江汇合后的水情控制站,集长江上游川西、大巴山两大暴雨区洪水控制站,重庆主城区防汛控制站,长江三峡工程入库水沙控制站,长江上游水环境和水生态监测控制站四大职责于一身。

测验项目有水位、流量、水温、降水、单样含沙量、悬移质输沙率、悬移质颗粒分析、卵石推移质、沙质推移质、河床质、水质监测等,其中流量、泥沙监测为一类精度。

1981 年 7 月 16 日,出现建站以来实测最大流量;2020 年 8 月 20 日,出现建站以来最高水位;1978 年 3 月 24 日,出现最小流量;1987 年 3 月 15 日,出现最低水位;1959 年 7 月 22 日,出现实测最大含沙量 13.7 km/m^3。

寸滩站基本水尺断面水面宽约 500~800 m。距长江河口约 2 495 km,距上游朱沱水文站约 148 km,距重庆朝天门(长江与嘉陵江交汇)约 7.5 km,距下游涪陵(长江与乌江交汇)约 116 km,距清溪场水文站约 128 km。

6.2.3 清溪场水文水质水生态同步监测站

清溪场水文站设立于 1939 年 3 月,是国家基本水文站、中央报汛站,隶属长江委水文上游局涪陵分局。

清溪场水文站位于重庆市涪陵区清溪镇四合村。集水面积为 965 857 km^2,距长江河口约 2 360 km。距上游寸滩水文站约 128 km,距长江白鹤梁约 11 km,距涪陵(长江与乌江交汇)约 10 km,距下游万县水文站约 186 km。测验河段顺直长约 2.5 km,上游约 12 km 处为长江与乌江汇合口,下游约 1.3 km 处有清溪沟汇入。

清溪场站控制乌江汇入长江后的基本水情。测验项目有水位、流量、单样含沙量、悬移质输沙率、降水、水质监测等,其中流量和泥沙监测为一类精度。1979 年 3 月 6 日,出现建站以来最低水位和最小流量;1981 年 7 月 17 日,出现建站以来最大流量(当年是水位站,流量为推算成果);1984 年 8 月 9 日,出现实测最大含沙量 9.66 kg/m^3。

6.2.4 万县水文水质水生态同步监测站

万县水文站设立于 1951 年 3 月,是国家基本水文站、中央报汛站。隶属长江委水文上游局万州分局。

万县水文站位于重庆市万州区牌楼街道长江三桥下游约 75 m 处,集水面积为 974 881 km²。测验河段顺直长约 5 km,断面上游约 600 m 处有万利铁路大桥,左岸上游 50～100 m 范围内是万州港务局的集装箱码头,下游约 288 km 处有三峡水利枢纽工程。

测验项目有水位、流量、降水、含沙量、卵石推移质、颗粒分析、水质监测等,其中流量、泥沙监测为一类精度。1952 年 3 月 29 日,出现建站以来(三峡库区蓄水前)最低水位 98.69 m;1979 年 3 月 7 日,出现最小流量;1981 年 7 月 17 日,出现建站以来最大流量;1959 年 7 月 24 日,出现最大含沙量 12.4 km/m³。

万县站基本水尺断面最大水面宽 790 m。距长江河口约 2 179 km,距上游清溪场水文站约 186 km,距下游夔门峡约 140 km,距黄陵庙水文站约 350 km。万县站现有长 30 m、宽 7 m 的趸船 1 艘,水文测船 2 艘。测验方式为驻测。

6.3 水文特征

6.3.1 朱沱站水文特征

朱沱水文站位于长江上游上段,长江上游干流金沙江与岷江、横江、沱江、赤水河汇入口下游,属于天然河道,汛期为每年 5 月 1 日至 10 月 15 日。朱沱水文站测站控制条件好,各级水位流量关系都保持稳定。全年主要受上游来水情况和季节性气候影响。

从 2019—2021 年三年间各水文要素变化过程来看,水文过程反映出水文现象在时程上的周期性与随机性的基本特点。如图 6.3-1 至图 6.3-4 所示,朱沱站水文要素年际间无明显的逐年递增或递减的变化趋势,水位、流量、含沙量、水温均为无规则随机变化。从年内分配来看,每年 1—4 月为非汛期,朱沱站水位变化较为平缓,流量变化也较为稳定,这段时间水流运输泥沙的能力较弱,含沙量较小;5 月进入汛期,此时朱沱站主要受上游来水情况影响,水位流量关系稳定单一,洪水涨落较快时有绳套曲线,含沙量也随之增大和减少;10—12 月寸滩站受三峡水库蓄水影响,水位随水库蓄水而升高,流量逐渐减小,这段时间水流运输泥沙的能力削弱,含沙量减少。水温方面,主要受季节性气候影响,1—2月水温降低;3月起随着气温回暖,水温逐渐上升;7—8月达到水温年最高值;10月起气温下降,水温也逐渐降低。受上游来水情况及季节性气候影响,各年水位最小值一般出现在5月,流量最小值一般出现在2、3月,水温最小值一般出现在1—2月;7—8月长江上游干流来水频繁,各年水位流量、含沙量最大值一般出现在7、8月,水温最大值一般出现在7、8月,以年为周期进行更替循环。

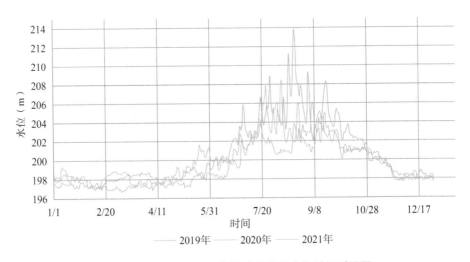

图 6.3-1　2019—2021 年朱沱站水位变化过程对照图

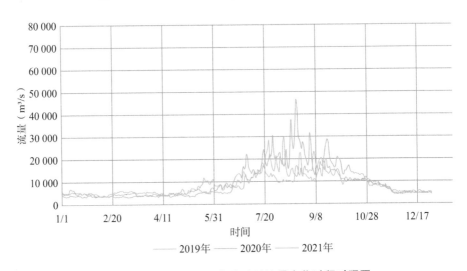

图 6.3-2　2019—2021 年朱沱站流量变化过程对照图

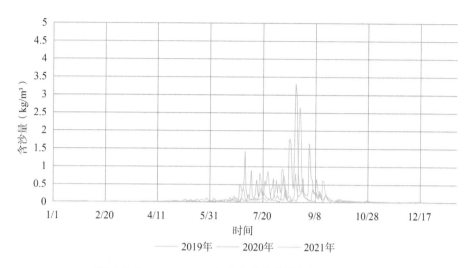

图 6.3-3　2019—2021 年朱沱站含沙量变化过程对照图

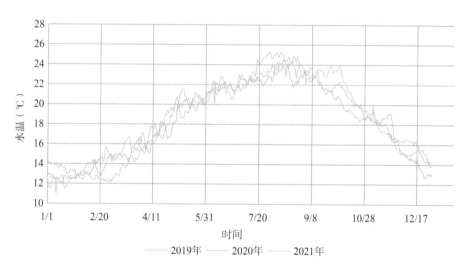

图 6.3-4　2019—2021 年朱沱站水温变化过程对照图

6.3.2　寸滩站水文特征

寸滩站位于在长江与嘉陵江汇合口下游约 7.5 km,地处三峡水库库尾变动回水区,汛期为每年 5 月至 10 月,非汛期为 11 月至次年 4 月。其水文要素汛期主要受上游长江和嘉陵江来水情况影响,枯季主要受三峡水库调蓄影响。

从年际上看,2017—2021 年寸滩站各水文要素总体上呈现出周期性变化

（图 6.3-5 至图 6.3-8），伴随局部的随机性波动。水位、流量、含沙量、水温年际间，暂时均未见明显的变化趋势。

从年内分配来看，每年 1—5 月受三峡水库消落期影响，寸滩站水位随水库放水逐渐降低，流量逐渐增大，水位流量关系受回水顶托影响而较为紊乱，这段时间水流运输泥沙的能力较弱，含沙量较小；5 月三峡水库水位降低至汛限水位，此时寸滩站不再受回水顶托影响，恢复成天然河道状态，主要受洪水涨落影响，水位流量关系稳定单一，洪水涨落较快时有绳套曲线，含沙量也随之增大和减少；10—12 月寸滩站受三峡水库蓄水影响，水位随水库蓄水而升高，流量逐渐减小，这段时间水流运输泥沙的能力削弱，含沙量减少。

在水温方面，主要受季节性气候影响，1—2 月水温降低；3 月起随着气温回暖，水温逐渐上升；7—8 月达到水温年最高值；10 月起气温下降，水温也逐渐降低。

受三峡水库调度及季节性气候影响，各年水位最小值一般出现在 5 月，流量最小值一般出现在 2、3 月，水温最小值一般出现在 1—2 月；7—8 月长江上游干流来水频繁，部分年份受长江一级支流嘉陵江来水影响较大，各年水位流量、含沙量最大值一般出现在 7、8 月，部分偏枯年份上游来水较少时水位最大值可能出现在 10—11 月，水温最大值一般出现在 7、8 月，以年为周期进行更替循环。

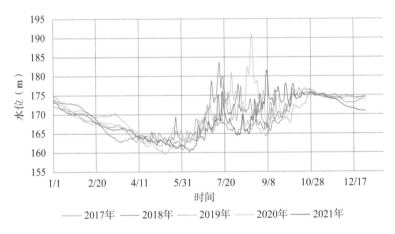

图 6.3-5　2017—2021 年寸滩站水位变化过程对照图

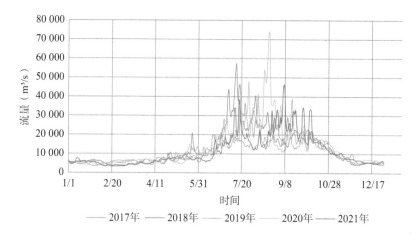

图 6.3-6　2017—2021 年寸滩站流量变化过程对照图

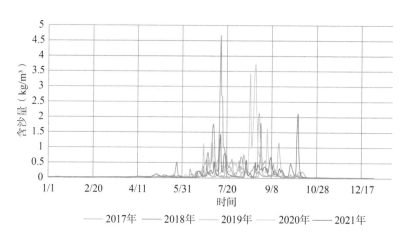

图 6.3-7　2017—2021 年寸滩站含沙量变化过程对照图

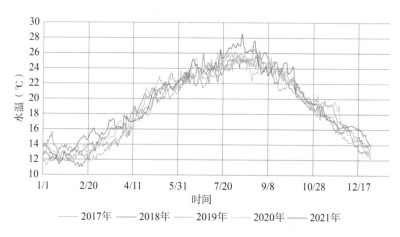

图 6.3-8　2017—2021 年寸滩站水温变化过程对照图

6.3.3 清溪场站水文特征

清溪场水文站位于长江上游上段,在长江与乌江汇合口下游,地处三峡水库变动回水监测区,汛期为每年5月1日至10月15日。全年主要受三峡水库调蓄影响,汛期同时受上游长江和乌江来水情况影响。

从2019—2021年三年间清溪场站各水文要素变化过程(图6.3-9至图6.3-11)来看,水文过程反映出水文现象在时程上的周期性与随机性的基本特点。年际间无明显的逐年递增或递减的变化趋势,水位、流量、含沙量均为无规则随机变化。从年内分配来看,每年1—5月主要受三峡水库消落期影响,清溪场站水位随水库放水逐渐降低,流量逐渐增大,水位流量关系受回水顶托影响而较为紊乱,这段时间水流运输泥沙的能力较弱,含沙量较小;5月三峡水库水位降低至汛限水位,此时清溪场站受回水顶托影响减小,但仍然

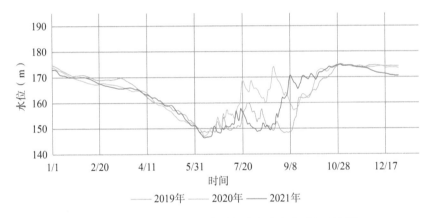

图6.3-9 2019—2021年清溪场站水位变化过程对照图

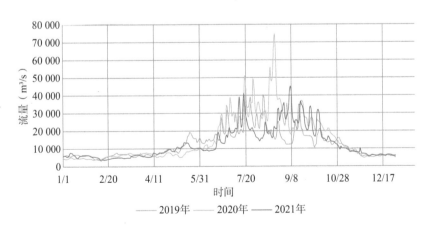

图6.3-10 2019—2021年清溪场站流量变化过程对照图

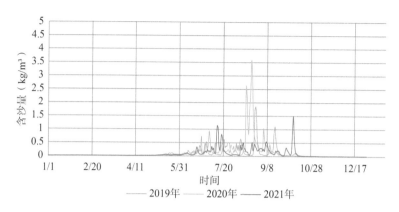

图 6.3-11　2019—2021 年清溪场站含沙量变化过程对照图

受水库调蓄作用影响,同时还受长江和乌江来水影响,洪水涨落较快时有绳套曲线,含沙量也随之增大和减少;10—12 月清溪场站受三峡水库蓄水影响,水位随水库蓄水而升高,流量逐渐减小,这段时间水流运输泥沙的能力削弱,含沙量减少。受三峡水库调蓄及季节性气候影响,各年水位最小值一般出现在 5、6 月,流量最小值一般出现在 2、3 月;各年水位最大值一般出现在 10—11 月,7—8 月长江上游干流来水频繁,部分年份受支流乌江来水影响较大,各年流量、含沙量最大值一般出现在 7、8 月,以年为周期进行更替循环。

6.3.4　万县站水文特征

万县水文站位于长江上游下段,地处三峡水库变动回水监测区,汛期为每年 5 月 1 日至 10 月 15 日。全年主要受三峡水库调蓄影响,汛期同时受上游来水情况影响。

从 2019—2021 年三年间万县站各水文要素变化过程(图 6.3-12 至图 6.3-14)来看,水文过程反映出水文现象在时程上的周期性与随机性的基本特点。年际间无明显的逐年递增或递减的变化趋势,水位、流量、含沙量均为无规则随机变化。从年内分配来看,每年 1—5 月主要受三峡水库消落期影响,万县站水位随水库放水逐渐降低,流量逐渐增大,水位流量关系受回水顶托影响而较为紊乱,这段时间水流运输泥沙的能力较弱,含沙量较小;5 月三峡水库水位降低至汛限水位,此时万县站受回水顶托影响减小,但仍然受水库调蓄作用影响,同时还受上游来水影响,洪水涨落较快时有绳套曲线,含沙量也随之增大和减少;10—12 月万县站受三峡水库蓄水影响,水位随水库蓄水而升高,流量逐渐减小,这段时间水流运输泥沙的能力削弱,含沙量减少。受三峡水库调蓄及季节性气候影响,各年水位最小值一般出现在 5、6 月,流量最小值一般出现在 2、3 月;各年水位最大值一般出现在 10—11 月,7—8 月长江上游干流来水频繁,各年流量、含沙量最大值一般出现在 7、8 月,以年为周期进行更替循环。

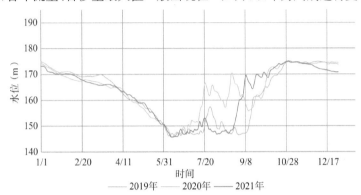

图 6.3-12　2019—2021 年万县站水位变化过程对照图

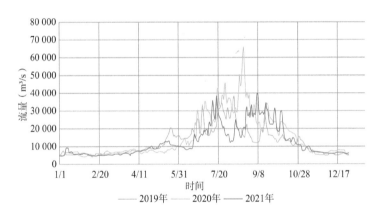

图 6.3-13　2019—2021 年万县站流量变化过程对照图

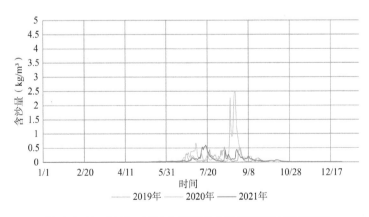

图 6.3-14　2019—2021 年万县站含沙量变化过程对照图

6.4　水质状况

　　根据 2015—2021 年的地表水实测结果,采用《地表水环境质量标准》(GB 3838—2002)进行评价,选取 pH 值、溶解氧、高锰酸盐指数、化学需氧量、五日生化需氧量、氨氮、总磷、铜、锌、硒、砷、汞、镉、铬(六价)、铅、氟化物、氰化物、挥发酚、石油类、阴离子表面活性剂、硫化物等水质参数(总氮、粪大肠菌群未参与评价),采用单因子法,对各断面地表水水质进行评价,将得到的结果进行水质类别比例统计,得到相应结果。

　　由表 6.4-1 可见,长江干流重庆段水质类别基本处在Ⅱ～Ⅲ类,水质较好,从 2015 年至 2021 年,重庆段Ⅲ类水断面逐渐减少,Ⅱ类断面逐渐增加。

表 6.4-1　各站点年度水质总体状况

监测断面	2015 年	2016 年	2017 年	2018 年	2019 年	2020 年	2021 年
朱沱	Ⅲ类	Ⅱ类	Ⅱ类	Ⅲ类	Ⅱ类	Ⅱ类	Ⅱ类
寸滩	Ⅲ类	Ⅲ类	Ⅱ类	Ⅱ类	Ⅱ类	Ⅱ类	Ⅱ类
清溪场	Ⅲ类	Ⅲ类	Ⅱ类	Ⅱ类	Ⅲ类	Ⅱ类	Ⅱ类
万县	Ⅲ类	Ⅱ类	Ⅱ类	Ⅱ类	Ⅱ类	Ⅱ类	Ⅱ类

6.4.1　朱沱断面水质状况

　　根据 2015—2021 年每月一次的 24 项水质指标的监测结果进行评价,朱沱断面水质总体处于Ⅱ～Ⅲ类,个别月份总磷、高锰酸盐指数等指标偶有超标情况。

　　具体来看,2015 年Ⅰ～Ⅱ类水占比为 25.0%,Ⅲ类水占比 58.3%,Ⅳ类水占比 16.7%;2016 年Ⅰ～Ⅱ类水占比为 66.7%,Ⅲ类水占比 33.3%,水质符合Ⅰ～Ⅲ类水,监测期间未出现超标情况;2017 年Ⅰ～Ⅱ类水占比为 91.7%,Ⅲ类水占比 8.3%,水质符合Ⅰ～Ⅲ类水,监测期间未出现超标情况;2018 年Ⅰ～Ⅱ类水占比为 83.3%,Ⅲ类水占比 8.3%,劣Ⅴ类占比 8.3%;2019 年和 2020 年Ⅰ～Ⅱ类水占比提升到 90% 以上,未监测到劣Ⅴ类水;2021 年水质符合Ⅰ～Ⅲ类水,监测期间未出现超标情况。详见图 6.4-1、表 6.4-2。

　　总体而言,水质等级有明显提升。

图 6.4-1 朱沱断面 2015—2021 年水质等级情况

表 6.4-2 朱沱断面 2015—2021 年水质等级情况

类别	2015 年	2016 年	2017 年	2018 年	2019 年	2020 年	2021 年
Ⅰ类	0.0%	0.0%	0.0%	0.0%	0.0%	0.0%	0.0%
Ⅱ类	25.0%	66.7%	91.7%	83.3%	91.7%	90.9%	80.0%
Ⅲ类	58.3%	33.3%	8.3%	8.3%	0.0%	0.0%	20.0%
Ⅳ类	16.7%	0.0%	0.0%	0.0%	8.3%	9.1%	0.0%
Ⅴ类	0.0%	0.0%	0.0%	0.0%	0.0%	0.0%	0.0%
劣Ⅴ类	0.0%	0.0%	0.0%	8.3%	0.0%	0.0%	0.0%

6.4.2 寸滩断面水质状况

根据 2015—2021 年每月一次的 24 项水质指标的监测结果进行评价,寸滩断面水质总体处于Ⅱ～Ⅲ类,个别月份总磷、高锰酸盐指数等指标偶有超标情况。

具体来看,2015 年Ⅰ～Ⅱ类水占比为 16.7%,Ⅲ类水占比 83.3%;2016 年Ⅰ～Ⅱ类水占比为 41.7%,Ⅲ类水占比 58.3%;2017 年Ⅰ～Ⅱ类水占比为 83.3%,Ⅲ类水占比 16.7%。比较来看,2015—2017 年监测期间均未出现超标情况,且满足Ⅰ～Ⅱ类水占比逐渐增加,Ⅲ类水占比逐渐降低的规律。2018 年Ⅰ～Ⅱ类水占比为 83.3%,Ⅲ类水占比 8.3%,Ⅳ类水占比 8.3%;2019 年Ⅰ～Ⅱ类水占比 75%,Ⅲ类水占比 25%,无监测月份出现超标情况;2020 年水质等级全部为Ⅱ类水,水质等级属历年最高;2021 年Ⅰ～Ⅱ类水占比为 60%,Ⅲ类水占比 30%,Ⅳ类占比 10%。详见图 6.4-2、表 6.4-3。

总体而言,水质等级总体较优,改善明显。

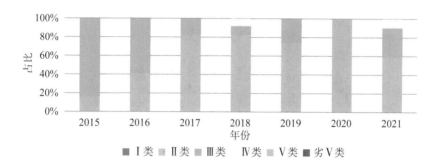

图 6.4-2　寸滩断面 2015—2021 年水质等级情况

表 6.4-3　寸滩断面 2015—2021 年水质等级情况

类别	2015 年	2016 年	2017 年	2018 年	2019 年	2020 年	2021 年
Ⅰ类	0.0%	0.0%	0.0%	0.0%	0.0%	0.0%	0.0%
Ⅱ类	16.7%	41.7%	83.3%	83.3%	75.0%	100.0%	60.0%
Ⅲ类	83.3%	58.3%	16.7%	8.3%	25.0%	0.0%	30.0%
Ⅳ类	0.0%	0.0%	0.0%	8.3%	0.0%	0.0%	10.0%
Ⅴ类	0.0%	0.0%	0.0%	0.0%	0.0%	0.0%	0.0%
劣Ⅴ类	0.0%	0.0%	0.0%	0.0%	0.0%	0.0%	0.0%

6.4.3　清溪场断面水质状况

根据 2015—2021 年每月一次的 24 项水质指标的监测结果进行评价,清溪场断面水质总体处于Ⅱ～Ⅲ类,个别月份总磷、高锰酸盐指数等指标偶有超标情况。

具体而言,2015 年Ⅰ～Ⅱ类水占比为 8.3%,Ⅲ类水占比 91.7%;2016 年Ⅰ～Ⅱ类水占比为 25%,Ⅲ类水占比 75%;2017 年Ⅰ～Ⅱ类水占比为 66.7%,Ⅲ类水占比 33.3%。比较来看,2015—2017 年监测期间均未出现超标情况,且满足Ⅰ～Ⅱ类水占比逐渐增加,Ⅲ类水占比逐渐降低的规律。2018 年Ⅰ～Ⅱ类水占比为 75%,Ⅲ类水占比 16.7%,Ⅳ类水占比 8.3%;2019 年Ⅰ～Ⅱ类水占比为 75%,Ⅲ类水占比 16.7%,Ⅳ类水占比 8.3%;2020 年Ⅰ～Ⅱ类水占比为 72.7%,Ⅲ类水占比 27.3%;2021 年Ⅰ～Ⅱ类水占比为 70%,Ⅲ类水占比 20%,Ⅳ类占比 10%。详见图 6.4-3、表 6.4-4。

总体而言,水质等级总体较优。

图 6.4-3　清溪场断面 2015—2021 年水质等级情况

表 6.4-4　清溪场断面 2015—2021 年水质等级情况

类别	2015 年	2016 年	2017 年	2018 年	2019 年	2020 年	2021 年
Ⅰ类	0.0%	0.0%	0.0%	0.0%	0.0%	0.0%	0.0%
Ⅱ类	8.3%	25.0%	66.7%	75.0%	75.0%	72.7%	70.0%
Ⅲ类	91.7%	75.0%	33.3%	16.7%	16.7%	27.3%	20.0%
Ⅳ类	0.0%	0.0%	0.0%	8.3%	8.3%	0.0%	10.0%
Ⅴ类	0.0%	0.0%	0.0%	0.0%	0.0%	0.0%	0.0%
劣Ⅴ类	0.0%	0.0%	0.0%	0.0%	0.0%	0.0%	0.0%

6.4.4　万县断面水质状况

根据 2015—2021 年每月一次的 24 项水质指标的监测结果进行评价,万县断面水质总体处于Ⅱ~Ⅲ类,无超标情况。其中,2015 年Ⅰ~Ⅱ类水占比为 33.3%,Ⅲ类水占比 66.7%;2016 年Ⅰ~Ⅱ类水占比为 66.7%,Ⅲ类水占比 33.3%;2017 年Ⅰ~Ⅱ类水占比为 91.7%,Ⅲ类水占比 8.3%;2018 年Ⅰ~Ⅱ类水占比为 83.3%,Ⅲ类水占比 16.7%;2019—2021 年Ⅰ~Ⅱ类水占比均为 100%。详见图 6.4-4、表 6.4-5。

总体而言,水质等级为优,且随着时间增加,水质改善效果明显。

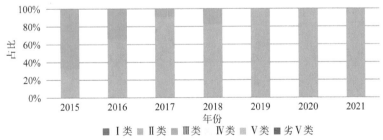

图 6.4-4　万县断面 2015—2021 年水质等级情况

表 6.4-5　万县断面 2015—2021 年水质等级情况

类别	2015 年	2016 年	2017 年	2018 年	2019 年	2020 年	2021 年
Ⅰ 类	0.0%	0.0%	0.0%	0.0%	0.0%	0.0%	0.0%
Ⅱ 类	33.3%	66.7%	91.7%	83.3%	100.0%	100.0%	100.0%
Ⅲ 类	66.7%	33.3%	8.3%	16.7%	0.0%	0.0%	0.0%
Ⅳ 类	0.0%	0.0%	0.0%	0.0%	0.0%	0.0%	0.0%
Ⅴ 类	0.0%	0.0%	0.0%	0.0%	0.0%	0.0%	0.0%
劣Ⅴ 类	0.0%	0.0%	0.0%	0.0%	0.0%	0.0%	0.0%

6.5　浮游植物状况

6.5.1　浮游植物种类组成

根据 2015 年至 2021 年的监测结果,长江干流重庆段共检出浮游植物 7 门、74 属、92 种,涉及硅藻门、绿藻门、蓝藻门、甲藻门、隐藻门、裸藻门、金藻门 7 个门类。其中,硅藻门和绿藻门的种类最多,分别为 39 属(种)和 31 属(种),占比 42.4% 和 33.7%;其次为蓝藻门、甲藻门,分别为 13 属(种)和 3 属(种),占比分别为 14.1%、3.3%;其余为裸藻门、隐藻门和金藻门,分别出现了 2 种,共 6 种,占比 6.6%。具体结果见图 6.5-1 和表 6.5-1。

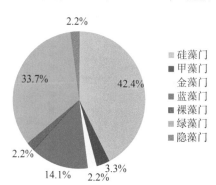

图 6.5-1　长江干流重庆段常见种类分布

表 6.5-1　长江干流重庆段常见种类分类及占比情况

门	属(种)数	占比(%)
硅藻门	39	42.4
甲藻门	3	3.3
金藻门	2	2.2
蓝藻门	13	14.1
裸藻门	2	2.2
绿藻门	31	33.7
隐藻门	2	2.2
合计	92	100

其中,2020—2021 年,长江干流重庆段在不同季节检出的浮游植物门类数量及各门类占比情况示意图见图 6.5-2 和图 6.5-3。

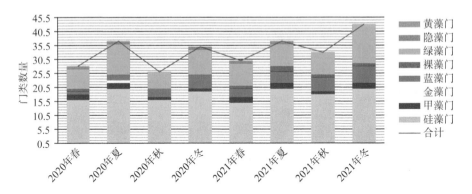

图 6.5-2　长江干流重庆段不同季节门类数量变化示意图(2020—2021 年)

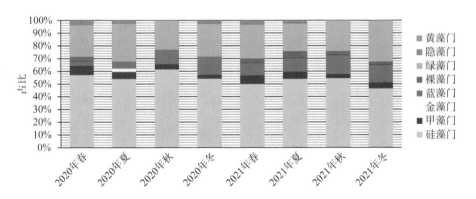

图 6.5-3　长江干流重庆段不同季节门类占比变化示意图(2020—2021 年)

从季节上看,长江干流重庆段浮游植物以硅藻门、绿藻门、蓝藻门种类为主,伴有甲藻门、隐藻门和裸藻门种类,偶见金藻门的部分种类。硅藻、绿藻、蓝藻、甲藻、裸藻,在四季均有检出。隐藻在春、夏、冬有检出,在秋季未检出。金藻门在夏季检出。受制于采样监测频次的限制,检出结果应该比实际情况少。

6.5.2　常见种

常见种(common species)是在生态调查中出现频率较高的种类,但其数量不一定有优势。常见种是群落物种丰富度格局的指示者。

根据监测结果,长江上游干流重庆段浮游植物种类主要属于硅藻门、绿藻门、蓝藻门、甲藻门、隐藻门 5 个门类。其中,在多个监测断面或测次中出现频率大于 0.15 的浮游植物主要有 30 种,涉及硅藻门的直链藻、脆杆藻、菱形藻、针杆藻、小环藻、双菱藻、侧链藻、星杆藻,绿藻门的盘星藻、水绵藻、实球藻,蓝藻门的颤藻,甲藻门的角甲藻等。详见表 6.5-2。

表 6.5-2　长江干流重庆段藻类常见种(2021—2022 年)

门	纲	目	科	属
硅藻门	中心纲	圆筛藻目	圆筛藻科	直链藻属
硅藻门	羽纹纲	无壳缝目	脆杆藻科	脆杆藻属
硅藻门	羽纹纲	管壳缝目	菱形藻科	菱形藻属
硅藻门	羽纹纲	无壳缝目	脆杆藻科	针杆藻属
绿藻门	绿藻纲	绿球藻目	水网藻科	盘星藻属
硅藻门	中心纲	圆筛藻目	圆筛藻科	小环藻属
硅藻门	羽纹纲	管壳缝目	双菱藻科	双菱藻属
硅藻门	中心纲	盒形藻目	角盘藻科	侧链藻属
硅藻门	羽纹纲	无壳缝目	脆杆藻科	星杆藻属
硅藻门	中心纲	盒形藻目	盒形藻科	水链藻属
蓝藻门	蓝藻纲	颤藻目	颤藻科	颤藻属
硅藻门	羽纹纲	无壳缝目	脆杆藻科	等片藻属
硅藻门	羽纹纲	双壳缝目	舟形藻科	舟形藻属
绿藻门	双星藻纲	双星藻目	双星藻科	水绵属
绿藻门	绿藻纲	团藻目	团藻科	空球藻属
甲藻门	甲藻纲	多甲藻目	角甲藻科	角甲藻属
硅藻门	羽纹纲	管壳缝目	双菱藻科	波缘藻属
硅藻门	羽纹纲	管壳缝目	双菱藻科	马鞍藻属
绿藻门	绿藻纲	刚毛藻目	刚毛藻科	刚毛藻属
隐藻门	隐藻纲	—	隐鞭藻科	隐藻属
蓝藻门	蓝藻纲	色球藻目	色球藻科	蓝纤维藻属
硅藻门	羽纹纲	双壳缝目	异极藻科	异极藻属
绿藻门	双星藻纲	鼓藻目	鼓藻科	新月藻属
硅藻门	羽纹纲	双壳缝目	桥弯藻科	桥弯藻属
蓝藻门	蓝藻纲	色球藻目	色球藻科	微囊藻属
甲藻门	甲藻纲	多甲藻目	多甲藻科	多甲藻属

续表

门	纲	目	科	属
硅藻门	羽纹纲	双壳缝目	舟形藻科	布纹藻属
绿藻门	双星藻纲	鼓藻目	鼓藻科	角星鼓藻属
硅藻门	羽纹纲	单壳缝目	卵形藻科	卵形藻属

6.5.3 藻类种群数量及季节变化

根据朱沱、寸滩、清溪场、万县等站的浮游植物定量分析的结果,长江干流重庆段浮游植物主要以硅藻为主,其次是甲藻、绿藻、蓝藻、隐藻等,细胞密度基本在 $10^3 \sim 10^5$ cells/L 数量级的水平,水华风险较低。

1. 朱沱

如图 6.5-4 所示,2020—2021 年朱沱站浮游植物以硅藻为主,伴有少量蓝藻。全年藻细胞密度在 $10^3 \sim 10^5$ cells/L 数量级,最大值出现在春季,达到 9.2×10^4 cells/L,最小值出现在 2020 年 9 月,为 1.5×10^3 cells/L。

如图 6.5-5 所示,朱沱断面浮游植物在春季藻细胞密度较高(3 月),其次冬季(11 月),再次夏季(5 月),最后秋季(9 月)。

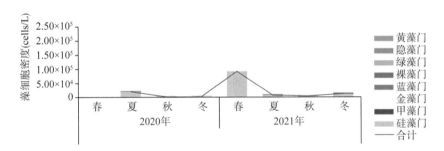

图 6.5-4　朱沱断面藻细胞密度示意图

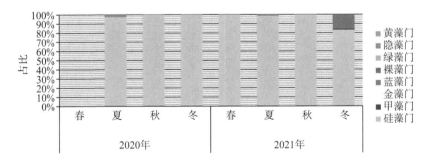

图 6.5-5　朱沱断面藻细胞密度占比示意图

2. 寸滩

如图 6.5-6 所示,2020—2021 年寸滩站浮游植物以硅藻为主,伴有少量隐藻、蓝藻等。全年藻细胞密度处于 $10^3 \sim 10^5$ cells/L 数量级,最大值出现在春季,达到 1.3×10^5 cells/L,最小值出现在 2020 年 9 月,为 1.9×10^3 cells/L。

如图 6.5-7 所示,寸滩断面浮游植物在春季藻细胞密度较高(3 月),其次夏季(5 月),再次冬季(11 月),最后秋季(9 月)。

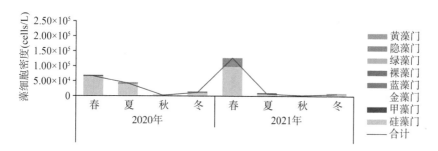

图 6.5-6　寸滩断面藻细胞密度占比示意图

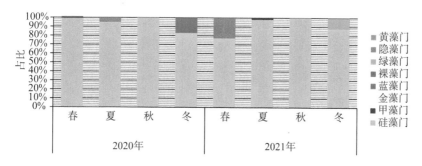

图 6.5-7　寸滩断面藻细胞密度占比示意图

3. 清溪场

如图 6.5-8 所示,2020—2021 年清溪场站浮游植物以硅藻为主,伴有少量绿藻、蓝藻和裸藻等。全年藻细胞密度处于 $10^3 \sim 10^5$ cells/L 数量级,最大值出现在春季,达到 1.0×10^5 cells/L,最小值出现在 2020 年 9 月,为 1.1×10^3 cells/L。

如图 6.5-9 所示,清溪场断面浮游植物在春季藻细胞密度较高(3 月),其次夏季(5 月),再次冬季(11 月),最后秋季(9 月)。

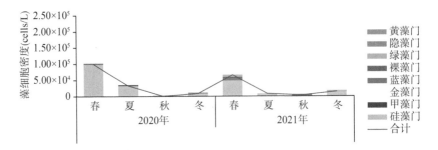

图 6.5-8　清溪场断面藻细胞密度示意图

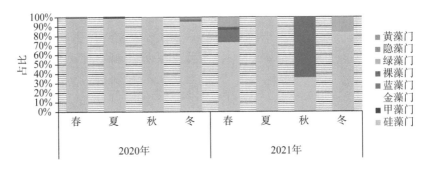

图 6.5-9　清溪场断面藻细胞密度占比示意图

4. 万县

如图 6.5-10 所示,2020—2021 年万县站浮游植物以硅藻为主,伴有少量绿藻、甲藻等。全年藻细胞密度处于 $10^4 \sim 10^5$ cells/L 数量级,最大值出现在夏季,达到 2.4×10^5 cells/L,最小值出现在 2020 年 9 月,为 1.2×10^4 cells/L。

如图 6.5-11 所示,万县断面浮游植物在夏季藻细胞密度较高(5 月),其次冬季(11 月),最后秋季(9 月)和春季(3 月)。

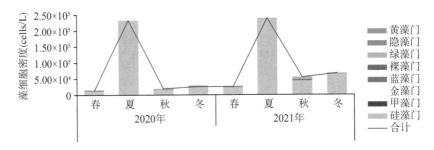

图 6.5-10　万县断面藻细胞密度示意图

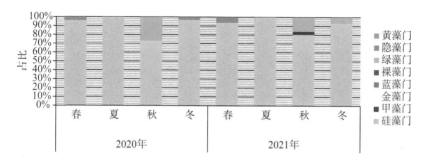

图 6.5-11　万县断面藻细胞密度及占比示意图

朱沱、寸滩、清溪场三个断面变化趋势较为一致,均为春季高于夏冬季,又高于秋季;而万县断面则是夏、冬、秋、春逐渐减少。详见图 6.5-12。

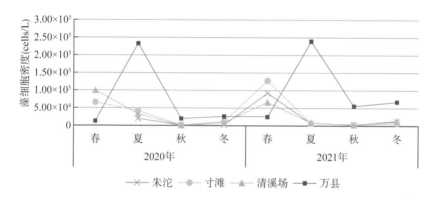

图 6.5-12　各断面藻细胞密度随季节变化示意图

整体而言,藻细胞密度在春夏季相对较高,而秋冬季相对较低。春季天气转暖,气温适宜,光照增强,非汛期流速缓慢,为藻类生长提供了适宜的环境。夏季光照较强,有利于藻类生长繁殖,但同时汛期流速较快,雨水较多,又对藻类的生长增殖产生影响。秋季气温逐渐下降,光照减弱,流速较快,不利于藻类的生长增殖;冬天气温较低,光照也较弱,藻细胞密度均较低,但通常冬季来水较少,而且三峡处于蓄水期,水流流速较慢,又一定程度上有利于藻类生长,因此,冬季有时藻细胞密度可能高于秋季,甚至高于春季。

6.5.4　藻细胞密度沿程变化

对 2020 年和 2021 年各季节时期沿程各断面的监测结果进行比较,得到图 6.5-13 和图 6.5-14。

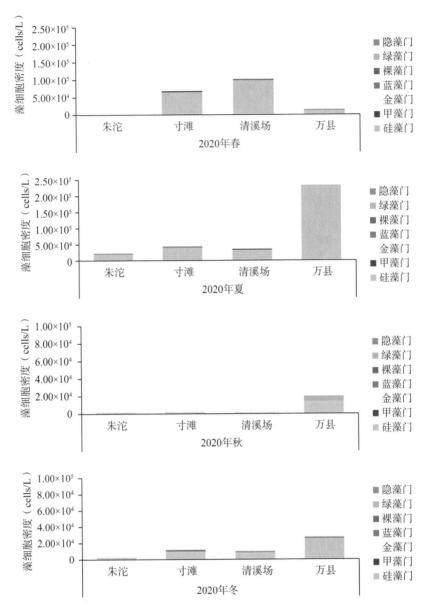

图 6.5-13 2020 年不同季节沿程各断面藻细胞密度比较

由图 6.5-13 可见,春季,清溪场藻细胞密度高于寸滩,高于万县;夏季和秋季,万县高于寸滩、清溪场和朱沱;冬季,万县高于寸滩、清溪场,高于朱沱。除了春季,夏季、秋季和冬季都是万县藻细胞密度较高,寸滩、清溪场藻细胞密度基本相当,朱沱偏低。

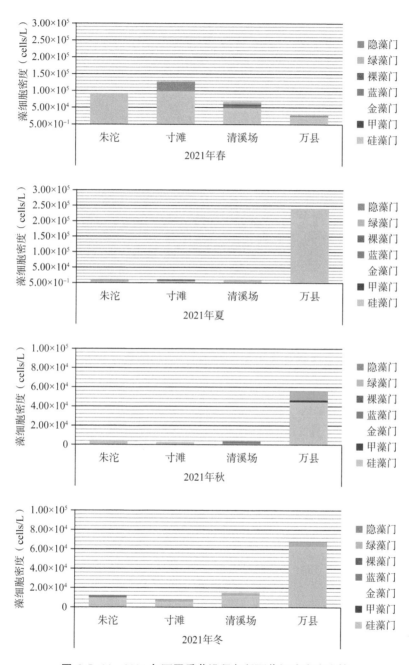

图 6.5-14　2021 年不同季节沿程各断面藻细胞密度比较

由图 6.5-14 可见,2021 年春季,寸滩藻细胞密度高于朱沱、清溪场、万县;夏季、秋季和冬季,均表现为万县高于寸滩、清溪场和朱沱,这与 2020 年类似。此外,2021 年四个季节,寸滩、清溪场藻细胞密度较为接近。

将 2020 年和 2021 年四个断面不同季节的结果求年均值并作图比较,得到图 6.5-15 至图 6.5-18。

由图 6.5-15、图 6.5-16 可见,2020 年,从上游到下游,朱沱、寸滩、清溪场、万县 4 个断面浮游植物均以硅藻为主,硅藻藻细胞密度在各断面占比均大于 95%。2020 年,朱沱浮游植物种类主要为硅藻,伴有少量隐藻;寸滩主要为硅藻,伴有少量隐藻、蓝藻和甲藻;清溪场主要为硅藻,伴有少量蓝藻、隐藻、绿藻、裸藻、甲藻;万县主要为硅藻,伴有少量隐藻和绿藻。整体而言,从上游朱沱到下游万县,绿藻藻细胞密度占比有上升趋势。从藻细胞密度年均值上看,从上游朱沱到下游万县,藻细胞密度呈现出逐渐上升的趋势。

由图 6.5-17、图 6.5-18 可见,2021 年,朱沱浮游植物种类主要为硅藻,伴有少量蓝藻;寸滩主要为硅藻,伴有少量隐藻、绿藻;清溪场主要为硅藻,伴有少量蓝藻、绿藻、裸藻;万县主要为硅藻,伴有少量绿藻和甲藻。整体而言,从上游朱沱到下游万县,不同种类的藻细胞密度占比有所差异;上段朱沱—寸滩,硅藻、隐藻占比相对高于下段清溪场—万县;而下段相对上段,绿藻、蓝藻占比较高。

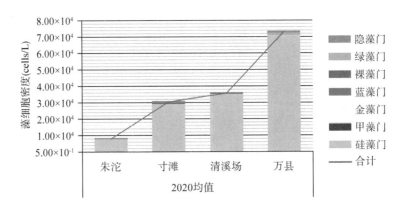

图 6.5-15 2020 年沿程各断面藻细胞密度年均值比较

从 2021 年藻细胞密度年均值上看,朱沱到寸滩,藻细胞密度有所上升,再到清溪场有所下降,到万县又明显上升。整体上看,2021 年从上游朱沱到下游万县,藻细胞密度呈现出上升趋势。

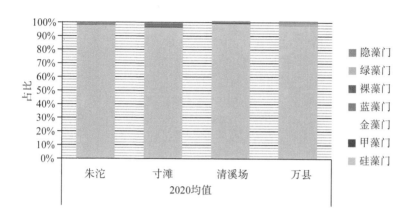

图 6.5-16　2020 年沿程各断面藻细胞密度占比年均值比较

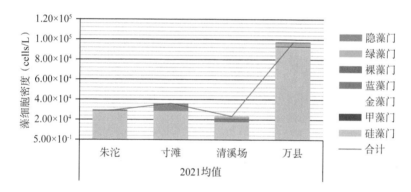

图 6.5-17　2021 年沿程各断面藻细胞密度年均值比较

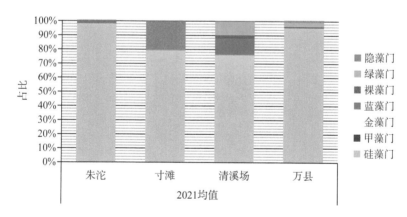

图 6.5-18　2021 年沿程各断面藻细胞密度占比年均值比较

　　由图 6.5-19 和图 6.5-20 可见,2020—2021 年,朱沱浮游植物种类主要为硅藻,伴有少量蓝藻和隐藻;寸滩主要为硅藻,伴有一定量的隐藻,以及少量绿藻、蓝藻;清溪场主要为硅藻,伴有少量蓝藻、绿藻、裸藻和隐藻;万县主要为硅藻,伴有少量绿藻、隐藻和甲藻。

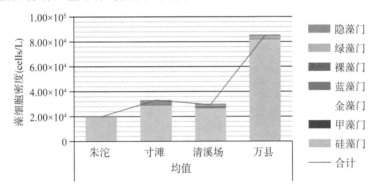

图 6.5-19　2020—2021 年沿程各断面藻细胞密度比较

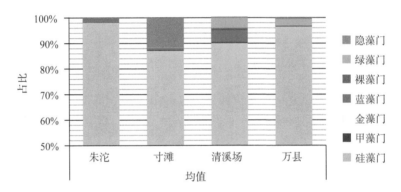

图 6.5-20　2020—2021 年沿程各断面藻细胞密度占比比较

整体而言,从上游朱沱到下游万县,硅藻均为最主要的种类,但隐藻、蓝藻、绿藻等不同种类的藻细胞密度占比有所差异;上段朱沱—寸滩,隐藻占比相对高于下段清溪场—万县;而下段相对上段,绿藻、蓝藻占比较高。

6.6　小结

整体而言,从上游朱沱到下游万县,硅藻均为最主要的种类,但隐藻、蓝藻、绿藻等不同种类的藻细胞密度占比有所差异;上段(朱沱—寸滩段)隐藻占比较高,下段(清溪场—万县段)绿藻、蓝藻占比较高。

第7章

向家坝库区监测实践

7.1 区域概况

向家坝水电站是金沙江水电基地下游四级开发中的最末一个梯级电站,位于四川省宜宾市和云南省水富市交界的金沙江峡谷出口处,上距溪洛渡水电站坝址 157 km,下距水富城区 1.5 km、宜宾市区 33 km。向家坝水电站是我国"西电东送"工程的骨干电源点,电站主要供电华东地区,在枯水期兼顾四川省用电需要。电站的开发任务以发电为主,同时改善航运条件,兼顾防洪、灌溉,并具有拦沙和对溪洛渡水电站进行反调节等作用。2002 年 10 月,向家坝水电站经国务院正式批准立项,2006 年 11 月 26 日正式开工建设,2014 年 7 月 10 日全面投产发电。向家坝库区位置示意图如图 7.1-1 所示。

向家坝库区气候为亚热带季风气候,冬暖夏热,降雨量丰富,相对湿度范围在 74%~83%,年降雨量为 850~1 500 mm,90% 以上的降雨集中在 6—11 月。向家坝水库作为金沙江梯级水库群最末一级,控制流域面积达 45.88 万 km²。蓄水以来,在防洪、发电、灌溉等方面发挥了巨大的作用,给我国带来巨大的经济和社会效益,同时也给库区生态环境带来较大压力。

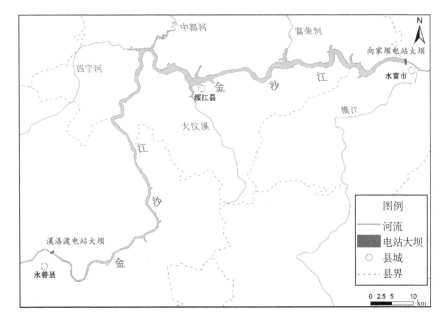

图 7.1-1　向家坝库区位置示意图

7.2　监测概况

　　为掌握工程建设期和水库运行期干支流的水生态环境变化趋势,保障库区水环境安全,为库区水环境管理提供技术支撑,多家单位在库区开展了水生态环境的监测工作。上游局常年在向家坝库区开展水文、水质、河道等监测工作。2021 年以来,上游局在向家坝库区开展了浮游植物监测工作,针对水库蓄水后次级河流回水区浮游植物种群结构和群落数量的监测调查工作,为富营养化趋势变化、浮游植物演替、库区水华预警和应急监测工作,提供了技术保障。

　　选取向家坝库区干支流水域、网箱集中养殖区域、排污口附近等具有代表性的 24 个监测断面,在每月中旬进行月度巡测(图 7.2-1),监测断面分布位置如表 7.2-1、图 7.2-2 所示。向家坝坝前至雷波县顺河乡干流约 140 km,支流约 12 km(大汶溪、中都河、西宁河各 4 km),包括区间主要支流库湾。

　　监测参数包括浮游植物定性、浮游植物定量,以及流速、水温、pH 值、透明度、水下光照、溶解氧、高锰酸盐指数、总磷、可溶性磷、总氮、硝酸盐氮、氨氮、叶绿素 a 等相关的水文、水质、气象参数,这些断面在部分月份还开展了底泥监测。

图 7.2-1　向家坝库区监测断面月度巡测现场

表 7.2-1　向家坝水库水华监测断面设置

类型	样品序号	断面测点
干流	XJB01	向家坝坝前
干流	XJB02	新滩镇
干流	XJB03	新滩镇鲢鱼村
干流	XJB04	绥江县(下)
干流	XJB05	绥江县(上)
干流	XJB06	南岸镇(下)
干流	XJB07	南岸镇(上)
干流	XJB08	清平彝族乡
干流	XJB09	桧溪镇
干流	XJB10	回龙场
干流	XJB11	顺河乡烂田村
支流	TXB01	会仪镇碳溪沟
支流	TXB02	福延镇滚子沱
支流	TXB03	福延镇福延溪
支流	TXB04	会仪镇大桥沟

续表

类型	样品序号	断面测点
支流	TXB05	新滩镇黄坪溪
支流	TXB06	屏山县
支流	TXB07	新滩镇新滩溪
支流	TXB08	绥江县小汶溪
支流	TXB09	新安镇聚福沟
支流	TXB10	绥江县大汶溪
支流	TXB11	新市镇中都河
支流	TXB12	新市镇西宁河
支流	TXB13	桧溪镇团结沟

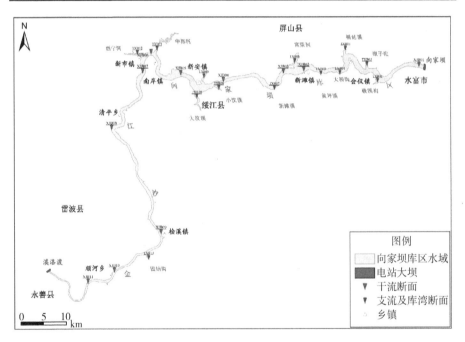

图 7.2-2　向家坝水库水华监测断面位置示意图

7.3　水质概况

如图 7.3-1 所示,2022 年,向家坝库区干支流水质 24 个监测断面年度评价结果均满足Ⅲ类水标准,该年度无水质超标断面;其中Ⅰ～Ⅱ类水占比 100%,水质总体状况为优。其中干流Ⅰ类水占 45.8%,Ⅱ类水占 54.2%;支流Ⅰ类水占 20.8%，Ⅱ类水占 79.2%。

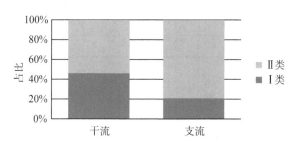

图 7.3-1 向家坝水质总体状况(2022 年)

断面水温变化范围为 14.4～28.8℃，水温随季节变化趋势明显，但同一时期，各断面水温差异较小，冬季水温明显低于夏季。干流水体溶解氧变化范围为 7.39～11.71 mg/L，支流库湾溶解氧变化范围为 7.13～15.19 mg/L。从沿程来看，干流溶解氧在 2022 年度变化幅度较小，支流溶解氧变化幅度大。干流 COD_{Mn} 变化范围为 0.9～2.1 mg/L，支流 COD_{Mn} 变化范围为 0.8～3.0 mg/L。向家坝营养盐干流各项指标总体含量不高，总磷、总氮、硝酸盐氮含量全年呈现小幅波动。

7.4 营养状态

2022 年向家坝库区共设置 24 个断面，全年共计测 264 断面次，均处于贫营养、中营养、轻度富营养的状态，其中处于贫营养状态的有 92 次，占比 34.8%；处于中营养的有 167 次，占比 63.3%；处于轻度富营养状态的有 5 次，占比 1.9%。相比 2021 年，中营养占比有明显升高，结果如图 7.4-1 和表 7.4-1 所示。

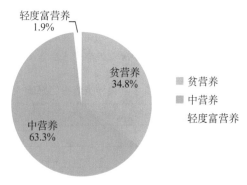

图 7.4-1 2022 年向家坝年度总体营养状况

表 7.4-1 2022 年向家坝年度总体营养状况表

年度评价统计	断面总数	贫营养	中营养	轻度富营养	中度富营养	重度富营养
断面次	264	92	167	5	0	0
各类别占比(%)	100	34.8	63.3	1.9	0	0

7.5 浮游植物监测结果

7.5.1 浮游植物种类组成

根据藻类镜检分析,2022 年向家坝库区干支流水体共检出藻类 7 门,116 属(种)(及变种),结果见图 7.5-1 和表 7.5-1。藻类门类涉及绿藻门、硅藻门、蓝藻门、甲藻门、裸藻门、隐藻门、金藻门。其中,绿藻门和硅藻门的种类最多,分别为 54 属(种)和 38 属(种),占比 46.6% 和 32.8%;其次为蓝藻门、甲藻门,分别为 15 属(种)、4 属(种),占比分别为 12.9%、3.4%;其余为隐藻门、裸藻门和金藻门,分别为 2 属(种)、2 属(种)和 1 属(种),占比分别为 1.7%、1.7% 和 0.9%。

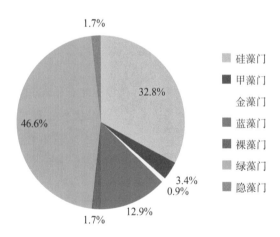

图 7.5-1 向家坝藻类种类组成示意图

表 7.5-1 向家坝藻类种类组成结果表

门类	种数(含变种)	占比(%)
硅藻门	38	32.8
甲藻门	4	3.4

门类	种数(含变种)	占比(%)
金藻门	1	0.9
蓝藻门	15	12.9
裸藻门	2	1.7
绿藻门	54	46.6
隐藻门	2	1.7
合计	116	100

7.5.2 常见种

根据出现频率的高低,选取各断面及各月份中出现频率高的种类作为常见种。向家坝库区常见属种见表 7.5-2。主要为硅藻门的小环藻、针杆藻、菱形藻、脆杆藻、直链藻、星杆藻、菱形藻等,绿藻门的盘星藻、新月藻、角星鼓藻、空球藻等,隐藻门的卵形隐藻,甲藻门的拟多甲藻、角甲藻,以及蓝藻门的颤藻等。

表 7.5-2 向家坝藻类常见种(2022 年)

门	纲	目	科	属	种
硅藻门	中心纲	圆筛藻目	圆筛藻科	小环藻属	小环藻
硅藻门	羽纹纲	无壳缝目	脆杆藻科	针杆藻属	尖针杆藻
绿藻门	绿藻纲	绿球藻目	水网藻科	盘星藻属	单角盘星藻具孔变种
绿藻门	双星藻纲	鼓藻目	鼓藻科	新月藻属	针状新月藻
硅藻门	羽纹纲	管壳缝目	菱形藻科	菱形藻属	菱形藻
硅藻门	羽纹纲	无壳缝目	脆杆藻科	脆杆藻属	克洛脆杆藻
硅藻门	中心纲	圆筛藻目	圆筛藻科	直链藻属	变异直链藻
甲藻门	甲藻纲	多甲藻目	多甲藻科	拟多甲藻属	拟多甲藻
绿藻门	绿藻纲	中带藻目	鼓藻科	角星鼓藻属	纤细角星鼓藻
隐藻门	隐藻纲	—	隐鞭藻科	隐藻属	卵形隐藻
硅藻门	羽纹纲	等片藻目	等片藻科	星杆藻属	美丽星杆藻
硅藻门	羽纹纲	管壳缝目	菱形藻科	菱形藻属	奇异菱形藻
硅藻门	中心纲	圆筛藻目	圆筛藻科	直链藻属	颗粒直链藻最窄变种

续表

门	纲	目	科	属	种
甲藻门	甲藻纲	多甲藻目	多甲藻科	多甲藻属	飞燕角甲藻
绿藻门	绿藻纲	团藻目	团藻科	空球藻属	空球藻
绿藻门	绿藻纲	绿球藻目	栅藻科	栅藻属	栅藻
蓝藻门	蓝藻纲	颤藻目	颤藻科	颤藻属	颤藻
绿藻门	绿藻纲	绿球藻目	水网藻科	盘星藻属	单角盘星藻对突变种
绿藻门	绿藻纲	团藻目	团藻科	实球藻属	实球藻
绿藻门	绿藻纲	团藻目	衣藻科	衣藻属	衣藻
绿藻门	双星藻纲	双星藻目	双星藻科	水绵属	水绵
硅藻门	羽纹纲	管壳缝目	双菱藻科	双菱藻属	粗壮双菱藻
绿藻门	绿藻纲	绿球藻目	栅藻科	集星藻属	集星藻
绿藻门	绿藻纲	绿球藻目	卵囊藻科	卵囊藻属	卵囊藻

其中干流检出 88 种,支流检出 102 种,干支流均以绿藻门、硅藻门种类为主,其次为蓝藻门、甲藻门、隐藻门、裸藻门等;支流种类稍多于干流。详见图 7.5-2。

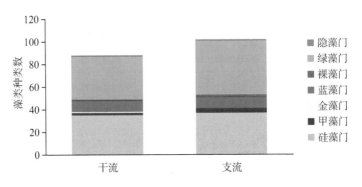

图 7.5-2 向家坝库区干支流藻类定性检出数量

按季节统计,向家坝库区干支流冬季检出种类最多,其次为春季和夏季,秋季较少(图 7.5-3)。从干流上看,各季节定性主要检出的为硅藻和绿藻的种类,还有少量的蓝藻、甲藻和隐藻;春夏季有少量裸藻和金藻检出。从支流上看,各季节定性主要检出的为硅藻和绿藻的种类,还有少量的蓝藻、甲藻、隐藻、裸藻和金藻。

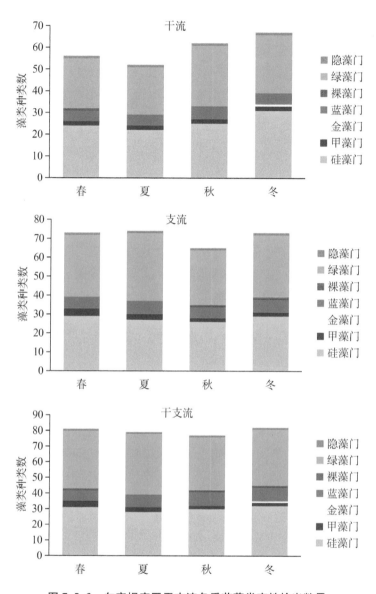

图 7.5-3　向家坝库区干支流各季节藻类定性检出数量

7.5.3　藻类种群数量

根据藻细胞密度的监测结果,2022 年向家坝干支流总体藻细胞密度月均值变化范围为 $3.15×10^4 \sim 7.77×10^5$ cells/L,月均值最大值在 10 月,其次为 8 月,干流年度藻细胞密度在 10 月、8 月和 3 月出现阶段性最大值。干流藻细胞密度月均值变化范围为 $1.39×10^4 \sim 3.49×10^5$ cells/L,月均值最大出现在

10月,其次为8月。支流藻细胞密度月均值变化范围为$4.46 \times 10^4 \sim 1.14 \times 10^6$ cells/L,最大值也在10月份,其次为8月。温度具有明显的季节特性,可直接影响浮游植物的代谢过程来影响其生长,适宜的温度促进浮游植物生长。该年度藻细胞密度在夏秋季节相对较高,而冬季相对较低。夏秋季节,气温较高,阳光充足,加上年度来水偏枯,为藻类生长提供了合适环境,8月和10月藻细胞密度较高。春季天气转暖,气温适宜,光照增强,非汛期流速缓慢,藻类逐渐生长,在3月形成了一个小峰值,而4、5月藻细胞密度没有随着水温的进一步升高而增加,这可能主要由于为了迎接汛期,水库根据防洪调度而增加水流速度,因此藻细胞密度较低。从图中还可以发现,9月藻细胞密度相比8月和10月都偏低,这可能和2022年长江流域旱情严重有关,水库进行联合调度进而改变了适宜藻类生长的水文、物理条件。长江流域冬季气温逐渐下降,光照也较弱,藻细胞密度均较低。从不同季节看,2022年向家坝干流秋季藻细胞密度最高,其次是夏季,春季藻细胞密度最低。而支流夏季藻细胞密度最高,其次为秋季,冬季藻细胞密度较低。

从干流和支流比较上看,支流藻细胞密度相对高于干流。干支流最大值均出现在10月,8月、7月、6月、3月藻细胞密度也相对较大,其余月份藻细胞密度处于相对较低水平(图7.5-4)。

从藻类种群结构上看,向家坝库区优势藻类以绿藻、硅藻为主,其次为隐藻和甲藻。从干流上看,硅藻为第一优势门类,其次为绿藻、隐藻。而支流上,绿藻为第一优势门类,其次为硅藻、隐藻和甲藻(图7.5-5)。

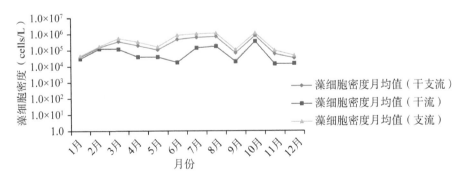

图7.5-4 藻类种群数量月平均结果

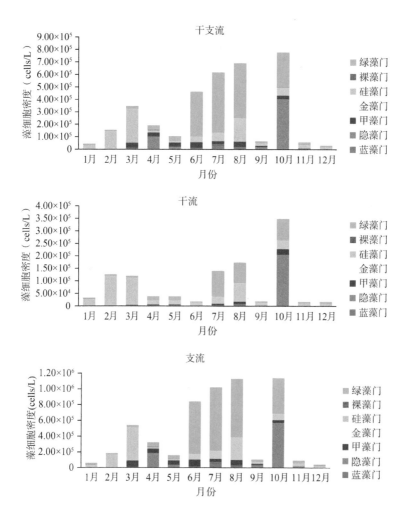

图 7.5-5　藻类种群数量及结构

7.5.4　藻类相对丰度

不同月份,向家坝藻类种类的相对丰度存在明显差异。各月藻类相对丰度变化情况如图 7.5-6 所示。

1—3 月份,均以硅藻为主;4 月隐藻占比较大,绿藻、甲藻次之;5 月绿藻、甲藻、隐藻、硅藻均有一定比例;6—8 月均以绿藻为主,硅藻其次;9 月硅藻占优,其次为隐藻和绿藻;10 月隐藻和绿藻占优;11 月硅藻占优,绿藻次之;12 月硅藻占优,绿藻次之。

总体上,藻类群落结构演替规律表现为:冬季至早春季节,硅藻占据优势地位;从 4 月起,隐藻、甲藻开始占据优势;到 6—8 月,绿藻占据优势;到 9—10 月,绿藻占比降低,隐藻占比上升;11—12月,硅藻占比上升,隐藻占比下降。

春季占优势地位的浮游植物主要是硅藻、甲藻、隐藻,夏秋季节主要是绿藻和硅藻。秋季主要是硅藻占优,冬季则以硅藻为主,硅藻为常年所见,在冬季和春季较低的温度下,硅藻比其他藻类更有竞争优势,成为主要的优势门类,金藻、蓝藻和裸藻只在个别月份出现,总体丰度低。

这些群落演替可能和水温变化有关,长期野外监测结果显示,硅藻适宜生长温度为13~25℃,绿藻适宜生长温度为20~30℃,蓝藻适宜生长温度为25~35℃。向家坝水库水温约为14.4~28.8℃,全年都呈现出硅藻所适宜的温度,因此硅藻为常年所见,特别在冬季和春季较低的温度下,比其他藻类更有竞争优势。随着温度逐渐升高,绿藻占比逐渐提高,特别是在7—8月份绿藻占据主要优势。

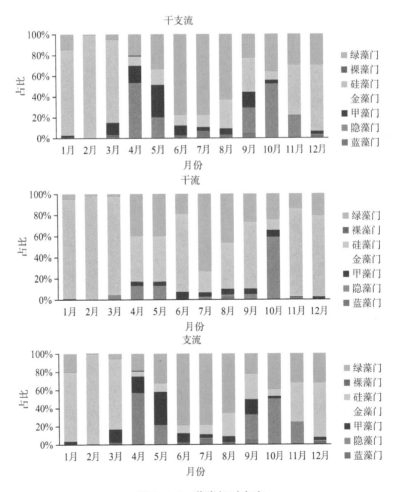

图 7.5-6　藻类相对丰度

不同季节的浮游植物群落结构波动较大(图 7.5-7)。从干流来看,藻类群落结构演替规律表现为:冬季和早春,硅藻占据优势;夏季主要是硅藻和绿藻占优,秋季主要是硅藻占优,个别月份(10 月)隐藻占据优势,冬季则以硅藻占优,绿藻次之。

从支流来看,藻类群落结构演替规律表现为:冬季和早春,硅藻占据优势;春季到夏季,绿藻占比逐渐上升,夏季绿藻占优,秋季硅藻、隐藻、绿藻均有一定占比,个别月份(10 月)隐藻占据优势,冬季则以硅藻占优,绿藻次之。

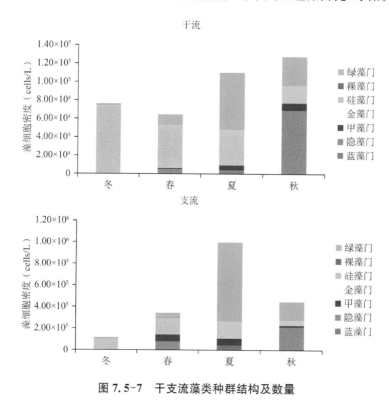

图 7.5-7　干支流藻类种群结构及数量

从种群演替上看,干支流有一定的相似性,均呈现硅藻在冬季和春季占优,绿藻在夏季占据一定优势,而隐藻在秋季占据一定优势。

从藻细胞密度上看,支流高于干流(图 7.5-8)。从干支流全年的比较看,干支流藻细胞密度均值分别为 8.94×10^4 cells/L 和 4.68×10^5 cells/L,向家坝支流的藻细胞密度明显高于干流。从藻类丰度上看,硅藻、绿藻占优,干流硅藻、绿藻、隐藻均有一定比例;支流绿藻占优,其次为硅藻、隐藻。甲藻在干支流也有一定的比例。

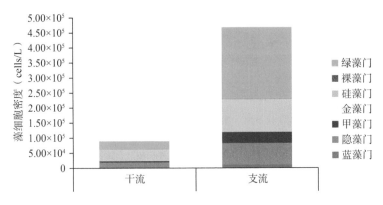

图 7.5-8　干支流藻细胞密度均值比较

7.5.5　水华风险分析

从单个断面单次的监测结果上看,藻细胞密度范围为 $1.40 \times 10^3 \sim$ 7.74×10^6 cells/L。其中藻细胞密度大于 10^6 cells/L 的有 19 断面次,未见超过 10^7 cells/L 断面(表 7.5-3)。2022 年向家坝藻类密度较大的时期出现在秋季 10 月,断面为支流断面会仪镇大桥沟,藻细胞密度为 7.74×10^6 cells/L,主要是隐藻、绿藻、硅藻。

参考《水华遥感与地面监测评价技术规范(试行)》(HJ 1098—2020)中分级标准,得到各个断面水华程度级别评估结果(表 7.5-3)。可见,各个断面均处于无水华—无明显水华的等级。

表 7.5-3　藻细胞密度较大值出现的断面及月份

月份	干/支流	样品序号	断面测点	合计(cells/L)	优势种	水华程度分级
2022 年 3 月	支流	TXB08	绥江县小汶溪	1.36×10^6	甲藻	无水华
2022 年 3 月	支流	TXB11	新市镇中都河	1.17×10^6	硅藻	无水华
2022 年 4 月	支流	TXB08	绥江县小汶溪	1.70×10^6	隐藻、甲藻	无水华
2022 年 6 月	支流	TXB08	绥江县小汶溪	5.42×10^6	绿藻、甲藻	无明显水华
2022 年 6 月	支流	TXB09	新安镇聚福沟	2.25×10^6	绿藻、硅藻	无明显水华
2022 年 6 月	支流	TXB12	新市镇西宁河	1.15×10^6	绿藻	无水华
2022 年 7 月	干流	XJB01	向家坝坝前	1.09×10^6	绿藻	无水华
2022 年 7 月	支流	TXB04	会仪镇大桥沟	1.37×10^6	绿藻	无水华

续表

月份	干/支流	样品序号	断面测点	合计(cells/L)	优势种	水华程度分级
2022 年 7 月	支流	XJB02	新滩镇新滩溪	1.22×10^{6}	绿藻、甲藻	无水华
2022 年 7 月	支流	TXB08	绥江县小汶溪	5.47×10^{6}	绿藻	无明显水华
2022 年 7 月	支流	TXB12	新市镇西宁河	1.08×10^{6}	绿藻	无水华
2022 年 8 月	支流	TXB08	绥江县小汶溪	3.79×10^{6}	绿藻、硅藻	无明显水华
2022 年 8 月	支流	TXB09	新安镇聚福沟	1.37×10^{6}	硅藻、绿藻	无水华
2022 年 8 月	支流	TXB12	新市镇西宁河	5.29×10^{6}	绿藻	无明显水华
2022 年 10 月	干流	XJB02	新滩镇	1.56×10^{6}	隐藻、绿藻	无水华
2022 年 10 月	干流	XJB04	绥江县(下)	1.59×10^{6}	隐藻、	无水华
2022 年 10 月	支流	TXB04	会仪镇大桥沟	7.74×10^{6}	隐藻、绿藻、硅藻	无明显水华
2022 年 10 月	支流	TXB05	新滩镇黄坪溪	1.57×10^{6}	绿藻、隐藻	无水华
2022 年 10 月	支流	TXB06	屏山县	1.45×10^{6}	隐藻、绿藻	无水华

　　藻细胞密度较大值出现的支流断面,涉及屏山县、绥江县小汶溪、新安镇聚福沟、新市镇西宁河、新市镇中都河、新滩镇黄坪溪、新滩镇新滩溪等8个,干流断面包括绥江县(下)、向家坝坝前、新滩镇断面;涉及3月、4月、6月、7月、8月、10月等6个月份。

　　较高的藻细胞密度出现在春季3—4月,夏季6—8月,以及秋季10月。尤其是6—8月以及10月,藻细胞密度处于较高水平。3—4月,天气转暖,阳光日渐充足,藻类大量繁殖,优势种以甲藻、隐藻、硅藻为主。夏季6—8月,气温水温进一步升高,绿藻比例上升,常占据优势地位。尽管10月处于秋季,但是气温依然较高,阳光充足,隐藻、绿藻占据优势地位。就不同断面而言,小汶溪共计5个月出现藻细胞密度大于10^{6} cells/L 的情况(3月、4月、6月、7月、8月)。新市镇西宁河有3个月(6月、7月、8月)、会仪镇大桥沟有2个月(7月、10月)、新安镇聚福沟有2个月(6月、8月),都出现了藻细胞密度大于10^{6} cells/L 的情况。夏季阳光充足,能量来源充足,水温气温较高,加上小汶溪受纳污水处理厂污水,水体营养物质较为丰富,支流水体流速较慢,这些可能是导致藻细胞密度较高的主要原因。

7.6　小结

　　向家坝库区2022年共检出浮游植物7门,116属种(及变种),常见种类以硅藻门、绿藻门、甲藻门、蓝藻门的一些种类为主。

根据 2022 年度向家坝干支流单个断面单次的监测结果上看,藻细胞密度范围为 $1.40 \times 10^3 \sim 7.74 \times 10^6$ cells/L;向家坝藻类密度较大的时期出现在秋季 10 月,断面为支流断面会仪镇大桥沟,主要是隐藻、绿藻、硅藻。各月库区总体多断面藻细胞密度月均值变化范围为 $3.15 \times 10^4 \sim 7.77 \times 10^5$ cells/L。月均值最大值在 8 月,其次为 8 月,干流年度藻细胞密度在 10 月、8 月和 3 月出现阶段性峰值。总体上,秋季藻细胞密度较高,支流藻细胞密度高于干流。

从藻类种群结构上看,向家坝库区浮游植物以绿藻、硅藻和甲藻为主。从干流上看,硅藻和绿藻为优势种类;而支流上,绿藻和硅藻为优势种类。总体上,藻类群落结构演替规律表现为冬季至早春季节,硅藻占据优势地位;春季到夏季,硅藻向隐藻、甲藻,再向绿藻过渡;至夏季,绿藻占据优势,到秋季 9—10 月,绿藻占比降低,隐藻占比上升,冬季 11—12 月,硅藻占比上升,隐藻占比下降。春季占优势地位的浮游植物主要是硅藻、甲藻、隐藻,夏秋季节主要是绿藻和硅藻,秋季主要是硅藻占优,冬季则以硅藻为主,硅藻为常年所见,在冬季和春季较低的温度下,硅藻比其他藻类更有竞争优势,成为主要的优势种类,金藻、蓝藻和裸藻只在个别月份出现,总体丰度低。

向家坝水质总体状况为优,营养状态普遍处于贫营养—中营养的状态,大部分断面在大部分时间藻细胞密度不高。目前,向家坝库区没有大面积、长时间藻类集聚扩散现象,但在绥江县小汶溪、新安镇聚福沟、新市镇西宁河、会仪镇大桥沟等支流或库湾断面,存在水华发生风险,是下一步重点巡测对象,应当重点关注。

第 8 章

溪洛渡库区监测实践

8.1 区域概况

溪洛渡水电站是金沙江下游河段规划的第三个梯级电站,其位于四川省雷波县和云南省永善县交界的金沙江下游河道,库区库尾与白鹤滩水电站大坝相连(图 8.1-1),下距向家坝水电站坝址 157 km,距宜宾市市区 184 km。溪洛渡水电站以发电为主,兼顾防洪、拦沙、改善下游航运条件等综合利用效益。

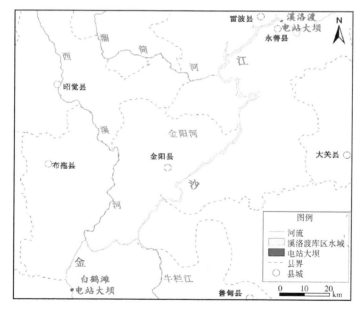

图 8.1-1　溪洛渡水库位置示意图

溪洛渡水电站水库正常蓄水位 600 m,死水位 540 m,汛期限制水位 560 m,水库总库容 126.7 亿 m³,调节库容 64.6 亿 m³;电站装机 1 386 万 kW,平均年发电量 500 多亿 kW·h。电站枢纽主要由拦河大坝、泄洪消能设施、引水发电建筑物等组成,最大坝高 285.5 m。2002 年 10 月,国家发展计划委员会(现国家发展和改革委员会)批准溪洛渡水电站工程立项。2005 年 12 月,经国家发展与改革委员会核准并正式开工建设;于 2013 年 5 月开始蓄水,水位从 440 m 高程起蓄,2013 年 6 月蓄至 550 m,2013 年 7 月,溪洛渡电站正式发电。2014 年 6 月,所有机组全部投产发电。2014 年 9 月水库蓄水至正常蓄水位 600 m。

8.2 监测概况

2022 年对溪洛渡坝前—库尾金阳县段干支流及主要库湾,进行了浮游植物监测。

选取溪洛渡库区干支流水域、前网箱集中养殖区域、排污口附近等具有代表性的 17 个监测断面,在每月中旬进行月度浮游植物巡测(图 8.2-1),监测断面分布位置如表 8.2-1、图 8.2-2 所示。监测区域包括干流约 152 km,支流约 16 km(西苏角河 5 km、美姑河 7 km、牛栏江 4 km),及主要支流库湾。

图 8.2-1 溪洛渡水库浮游植物月度巡测现场

表 8.2-1　溪洛渡水库水华监测断面设置

类型	样品序号	断面测点
干流	溪洛渡坝前	XLD01
干流	巫家田坝	XLD02
干流	上田坝镇	XLD03
干流	黄华镇	XLD04
干流	大兴镇	XLD05
干流	芦稿镇	XLD06
干流	对坪镇	XLD07
支流	西苏角河口	XSJH01
支流	西苏角河	XSJH02
支流	美姑河口	LTH01
支流	美姑河	LTH02
支流	牛栏江口	NLJ01
支流	牛栏江	NLJ02
支流	豆沙溪沟	KW01
支流	油房沟	KW02
支流	卡哈洛乡沟	KW03
支流	金家沟	KW04

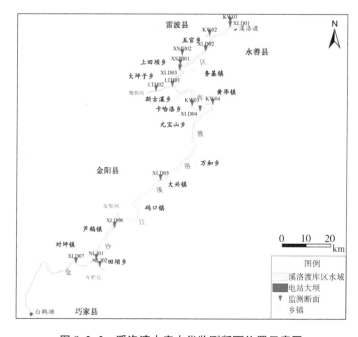

图 8.2-2　溪洛渡水库水华监测断面位置示意图

监测参数包括浮游植物定性、浮游植物定量,以及流速、水温、pH值、透明度、水下光照、溶解氧、高锰酸盐指数、总磷、可溶性磷、总氮、硝酸盐氮、氨氮、叶绿素a等相关的水文、水质、气象参数,部分月份还开展了底泥监测。

8.3 水质概况

2022年,溪洛渡库区17个监测断面年度评价结果均处于Ⅰ～Ⅱ类水,年度无水质超标断面,水质总体状况为优。

2022年溪洛渡水库干流总磷含量范围为0.01～0.18 mg/L,最大值出现时间为3月,地点位于对坪镇(XLD07)断面。其余时间各断面含量都在0.05 mg/L以下,整体含量不高。支流库湾总磷变化范围为0.01～0.07 mg/L,波动幅度较干流大,在4、5、7、8月和10月各支流总磷含量出现不同程度的上升趋势。整体而言,溪洛渡库区总磷含量处于较低水平。

总氮方面,干流总氮变化范围为0.65～3.00 mg/L。整体而言,最大值出现在对坪镇断面,总氮含量高于其他干流断面,干流总氮含量逐月呈波动变化,从1月到3月逐渐升高,4月下降,而后再度上升到7月,之后开始下降,再从10月上升到11月为全年整体最高。支流库湾总氮变化范围为0.7～3.24 mg/L。最大值出现在7月牛栏江断面(NLJ02)。

叶绿素a方面,干流叶绿素a变化范围为0.04～10.48 μg/L,其含量受季节影响情况非常明显,7—10月四个月出现明显升高趋势,其中最大值出现在10月的黄华镇(XLD04)断面。支流库湾叶绿素a变化范围为0.01～26.95 μg/L。从时间上来看,和干流情况相同,2022年7月、8月、9月、10月整体含量相对高于其他几个月,大部分支流都出现叶绿素a明显升高现象。另外,3月金家沟(KW04)断面和6月的卡哈洛乡沟(KW03)断面出现叶绿素a含量高于其他支流的情况,分别达到9.71 μg/L和26.95 μg/L,其中卡哈洛乡沟(KW03)断面的26.95 μg/L为全年最高值。

8.4 营养状态

2022年溪洛渡库区共17个断面,全年共计测204断面次,均处于贫营养、中营养的状态,其中处于贫营养状态的有90次,占比44.1%;处于中营养的有114次,占比55.9%;结果如图8.4-1和表8.4-1所示。

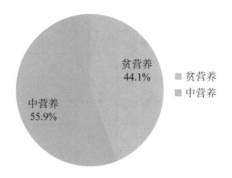

图 8.4-1　溪洛渡 2022 年度总体营养状况

表 8.4-1　溪洛渡 2022 年度总体营养状况

项目	断面数	贫营养	中营养	轻度富营养	中度富营养	重度富营养
断面数	204	90	114	0	0	0
各类别占比（%）	100	44.1	55.9	0	0	0

由上表可知，溪洛渡库区全年 12 个月中，各断面全年均为贫营养—中营养状态。

8.5　浮游植物监测结果

8.5.1　藻类种类组成

2022 年全年对溪洛渡库区浮游植物样品进行了形态学检测，共检出藻类 7 门，102 属种（及变种），藻类门类涉及绿藻门、硅藻门、蓝藻门、甲藻门、裸藻门、隐藻门、金藻门。其中，绿藻门和硅藻门的种类最多，分别为 46 属种和 32 属（种），占比 45.1% 和 31.4%；其次为蓝藻门、甲藻门、裸藻门、隐藻门，分别为 13 属（种），4 属（种），4 属（种），2 属（种）；占比分别为 12.7%、3.9%、3.9%、2.0%。金藻门为 1 属种，占比 1.0%。如表 8.5-1、图 8.5-1 所示。

表 8.5-1　溪洛渡藻类种类组成结果表

门类	种数（含变种）	占比（%）
绿藻门	46	45.1
硅藻门	32	31.4
蓝藻门	13	12.7

续表

门类	种数(含变种)	占比(%)
甲藻门	4	3.9
裸藻门	4	3.9
隐藻门	2	2.0
金藻门	1	1.0
合计	102	100.0

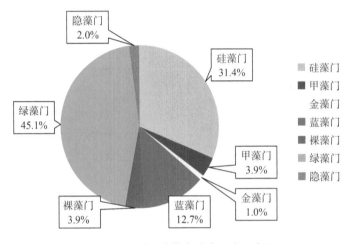

图 8.5-1　溪洛渡藻类种类组成示意图

8.5.2　常见种

根据出现频率的高低,选取各断面及各月份中出现频率高的种类作为常见种。溪洛渡库区常见属种见表 8.5-2。主要为硅藻门的变异直链藻、美丽星杆藻、小环藻、尖针杆藻、脆杆藻、克洛脆杆藻、颗粒直链藻、舟形藻、卵形藻、异极藻、布纹藻、肘状针杆藻等,绿藻门的衣藻、栅藻、转板藻、针状新月藻、单角盘星藻具孔变种、空星藻、四角藻、空球藻、二角盘星藻、集星藻、单角盘星藻、双射盘星藻、水绵;甲藻门的拟多甲藻、裸甲藻;蓝藻门的颤藻、席藻;以及隐藻门的卵形隐藻等。

表 8.5-2　溪洛渡库区藻类常见种(2022 年)

门	纲	目	科	属	种
硅藻门	中心纲	圆筛藻目	圆筛藻科	直链藻属	变异直链藻

续表

门	纲	目	科	属	种
硅藻门	羽纹纲	等片藻目	等片藻科	星杆藻属	美丽星杆藻
绿藻门	绿藻纲	团藻目	衣藻科	衣藻属	衣藻
绿藻门	绿藻纲	绿球藻目	栅藻科	栅藻属	栅藻
硅藻门	中心纲	圆筛藻目	圆筛藻科	小环藻属	小环藻
绿藻门	接合藻纲	双星藻目	双星藻科	转板藻属	转板藻
硅藻门	羽纹纲	无壳缝目	脆杆藻科	针杆藻属	尖针杆藻
甲藻门	甲藻纲	多甲藻目	多甲藻科	拟多甲藻属	拟多甲藻
硅藻门	羽纹纲	无壳缝目	脆杆藻科	脆杆藻属	脆杆藻
绿藻门	双星藻纲	鼓藻目	鼓藻科	新月藻属	针状新月藻
隐藻门	隐藻纲	—	隐鞭藻科	隐藻属	卵形隐藻
硅藻门	羽纹纲	无壳缝目	脆杆藻科	脆杆藻属	克洛脆杆藻
硅藻门	中心纲	圆筛藻目	圆筛藻科	直链藻属	颗粒直链藻
硅藻门	羽纹纲	双壳缝目	舟形藻科	舟形藻属	舟形藻
绿藻门	绿藻纲	绿球藻目	水网藻科	盘星藻属	单角盘星藻具孔变种
硅藻门	羽纹纲	曲壳藻目	卵形藻科	卵形藻属	卵形藻
硅藻门	羽纹纲	双壳缝目	异极藻科	异极藻属	异极藻
绿藻门	绿藻纲	绿球藻目	空星藻科	空星藻属	空星藻
绿藻门	绿藻纲	绿球藻目	小球藻科	四角藻属	四角藻
绿藻门	绿藻纲	团藻目	团藻科	空球藻属	空球藻
绿藻门	绿藻纲	绿球藻目	水网藻科	盘星藻属	二角盘星藻
甲藻门	甲藻纲	多甲藻目	裸甲藻科	裸甲藻属	裸甲藻
蓝藻门	蓝藻纲	颤藻目	颤藻科	颤藻属	颤藻
绿藻门	绿藻纲	绿球藻目	栅藻科	集星藻属	集星藻
蓝藻门	蓝藻纲	颤藻目	席藻科	席藻属	席藻
绿藻门	绿藻纲	绿球藻目	水网藻科	盘星藻属	单角盘星藻
绿藻门	绿藻纲	绿球藻目	水网藻科	盘星藻属	双射盘星藻
硅藻门	羽纹纲	双壳缝目	舟形藻科	布纹藻属	布纹藻
硅藻门	羽纹纲	无壳缝目	脆杆藻科	针杆藻属	肘状针杆藻
绿藻门	双星藻纲	双星藻目	双星藻科	水绵属	水绵

按干支流分别统计,结果如图8.5-2所示。可见,2022年溪洛渡库区干流全年共检出80种藻类,支流共检出90种藻类,支流种类较干流略丰富。干支流均以硅藻门和绿藻门种类为主,其次为蓝藻门、甲藻门、裸藻门、隐藻门等。干支流暂未见明显的群落结构差异。

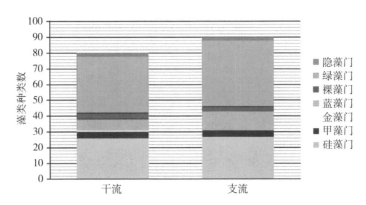

图8.5-2 溪洛渡库区干支流藻类种类数量组成

从季节上看,溪洛渡库区干支流各季节藻类种类变化结果如图8.5-3所示。由图可知,干流与支流,全年均呈现出藻类种类数先上升后下降再上升的趋势,干流与支流的藻类种类数差异不大,夏季种类较多,秋季相对较少。

溪洛渡干流四个季节检出的藻类主要为绿藻和硅藻,绿藻的种类略多于硅藻,兼有少量的蓝藻、甲藻、隐藻、裸藻和金藻,四个季节藻类种类组成相似;支流四个季节主要检出的藻类都主要为绿藻和硅藻,绿藻的种类略多于硅藻,兼有少量的蓝藻、甲藻、隐藻和裸藻,四个季节藻类种类组成相似。这与干流的藻类种类组成相一致。

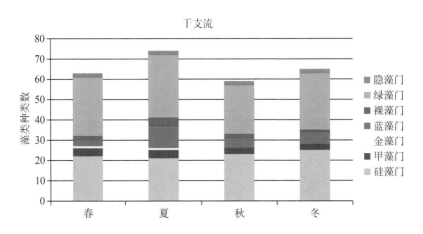

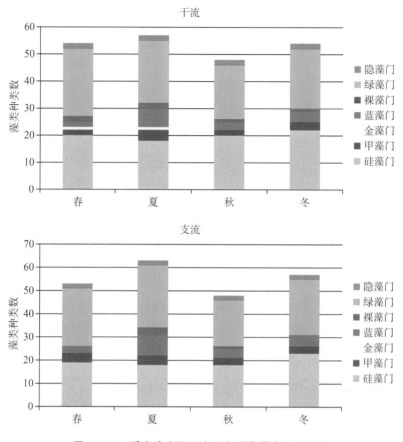

图 8.5-3　溪洛渡库区干支流各季节藻类组成变化

8.5.3　藻类种群数量

根据藻细胞密度的监测结果,2022 年度溪洛渡干支流总体藻细胞密度最大值在 8 月和 6 月,其次为 7 月,其余月份藻细胞密度波动较小。干支流总体藻细胞密度月均值变化范围为 $5.14 \times 10^4 \sim 4.14 \times 10^6$ cells/L。

干流藻细胞密度较大值在 7 月和 8 月,其次为 6 月,全年藻细胞密度月均值变化范围为 $3.03 \times 10^4 \sim 8.21 \times 10^5$ cells/L。

支流藻细胞密度较大值在 8 月和 6 月,且大于 10^6 cells/L,全年月均值变化范围为 $3.40 \times 10^4 \sim 6.59 \times 10^6$ cells/L。

可见,溪洛渡库区冬季、春季、秋季藻细胞密度不高且相对平均,春末夏初藻细胞密度开始逐渐升高,夏季藻细胞密度达到最高值,进入秋季后逐步降低(图 8.5-4)。

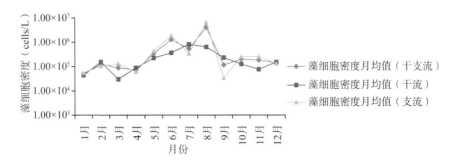

图 8.5-4　2022 年藻细胞密度月平均结果

从藻类种群结构上看,溪洛渡库区优势藻类以蓝藻门、绿藻门和硅藻门为主。从干支流上分析,全年总体来看干流藻细胞密度明显小于支流,干流优势门类是硅藻门、绿藻门和蓝藻门,相较之下硅藻门占据更大优势;支流优势门类仍是蓝藻门、绿藻门和硅藻门,相较之下蓝藻门占据更大优势。

2022 年溪洛渡库区干支流藻细胞密度均值分别为 2.47×10^5 cells/L 和 8.59×10^5 cells/L。藻细胞密度的起伏存在明显的季节性特征,干支流夏季(6—8 月)藻细胞密度均高于其他季节。其中干流藻细胞密度在 7 月达到最高值 8.21×10^5 cells/L,而支流藻细胞密度在 8 月达到最高值 6.59×10^6 cells/L。干支流比较可以看出,支流在特定季节藻细胞密度明显高于干流,其水华风险也相对较高。

如图 8.5-5 所示,从各月的藻细胞密度及结构看,硅藻在晚秋季节至早春季节,更具优势,这可能与晚秋至早春,气温和水温较低有一定关系;而绿藻在晚春至初夏 4—6 月优势较为明显,这可能是晚春至初夏水体温度适中,适合绿藻生长繁殖有关;而蓝藻在盛夏至初秋,水温较高的月份占据优势。在溪洛渡干流,6—9 月检出蓝藻,8 月蓝藻的平均藻细胞密度达到最高值。支流的情况则更为明显,蓝藻在 8 月集中出现在如豆沙溪沟这样的支流中,且个别支流的藻细胞密度达到 6.10×10^7 cells/L,而在相邻的 7 月和 9 月则基本消失。说明溪洛渡藻类群落结构和数量受季节变化影响明显。

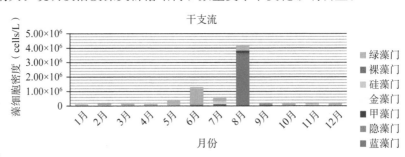

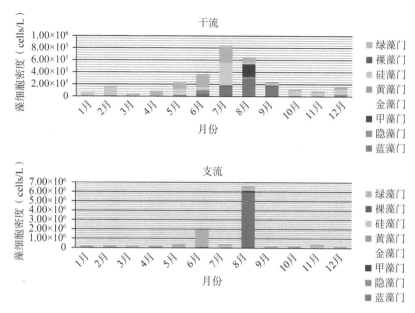

图 8.5-5　2022 年藻类种群数量及结构示意图

8.5.4　藻类相对丰度

不同月份,溪洛渡藻类种类的相对丰度存在明显差异。各月藻类相对丰度变化情况如图 8.5-6 所示。

1—2 月份,溪洛渡库区硅藻占优,伴有少量绿藻;3 月份,溪洛渡库区硅藻占优,绿藻、蓝藻占比增加,伴有少量甲藻、隐藻;4—6 月份,绿藻占优,硅藻占比逐渐减少。7 月份开始,蓝藻占比增加,但硅藻仍占优,绿藻、蓝藻次之;8—9 月,蓝藻占据较大优势。10—12 月份,蓝藻优势消失,绿藻占优,硅藻次之,还观察到隐藻,占比有一定上升;11—12 月,硅藻占据较大优势。

总体上,藻类群落结构演替规律表现为:冬季占优势地位的浮游植物主要是硅藻,伴随少量绿藻、隐藻;春季主要是绿藻和硅藻;夏季开始过渡到秋季,这一段时间蓝藻逐渐开始大量繁殖后消亡;蓝藻消减后,秋季主要是绿藻和硅藻。

从干流来看,1—3 月份,溪洛渡库区硅藻占优,伴有少量绿藻和蓝藻。4—5 月份,溪洛渡库区绿藻门占优,硅藻次之,5 月伴有少量一定比例的金藻、隐藻。6 月份,绿藻占优,隐藻次之,伴有部分蓝藻和硅藻;7 月份,硅藻占优,绿藻和蓝藻次之,伴有少量甲藻;8 月份,蓝藻占优,甲藻次之,伴有少量绿藻、隐藻和硅藻;9 月份蓝藻占据绝对优势,占据 70% 以上,硅藻和绿藻次之,

139

伴有少量甲藻和隐藻。6—9月份,蓝藻占比逐渐增加;10—12月份硅藻占优势,绿藻和隐藻次之,伴有少量甲藻和蓝藻。

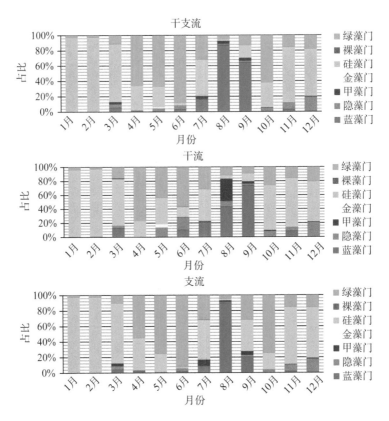

图 8.5-6 2022 年藻类相对丰度示意图

藻类群落结构演替规律在干流表现为:冬季占优势地位的浮游植物主要是硅藻;春季优势门类从硅藻过渡至绿藻;夏季绿藻比例逐渐减少,蓝藻和甲藻比例上升,蓝藻成为优势门类;秋初溪洛渡库区干流优势门类为蓝藻,后蓝藻消减,优势门类成为硅藻。

从支流来看,1—6月份,溪洛渡库区硅藻比例逐渐下降,绿藻比例逐渐增加,其中1—3月份,溪洛渡库区硅藻占优;4—6月份,绿藻占优;3—6月份能观察到少量蓝藻、隐藻和甲藻。7月份硅藻占优,绿藻次之,其次伴有一定比例甲藻和蓝藻;8月份,蓝藻占据绝对优势,占 85% 以上,其余门类占据较小比例;9月份,硅藻占优,绿藻、蓝藻次之,伴有少量甲藻和隐藻;6—9月份,蓝藻经历了一个逐渐繁盛到消减的过程。10月份绿藻占优,硅藻次之,伴有少量隐藻;11—12月份,硅藻占据较大优势,其次是绿藻和隐藻,伴有少量的甲藻和蓝藻,但占比不高。

藻类群落结构演替规律在支流表现为:溪洛渡库区优势门类主要是硅藻、绿藻和蓝藻间的此消彼长,其他门类有一定比例变化,但总体占比较低。冬季占优势地位的浮游植物主要是硅藻;春季优势门类逐渐由硅藻变为绿藻;夏季节优势门类绿藻比例逐渐下降,硅藻、蓝藻相应上升,最后蓝藻占据绝对优势;秋季蓝藻大量消减,硅藻、绿藻比例相应上升,最后硅藻成为优势门类。

从不同季节看,溪洛渡干支流,均呈现出夏季藻细胞密度最高(图 8.5-7)。在干流,夏季以绿藻、蓝藻和硅藻为主,三种门类藻细胞密度相差不大,其次是甲藻和隐藻。冬、春、秋三季藻细胞密度均较低,冬季以硅藻为主,春季以硅藻、绿藻为主,秋季以硅藻、蓝藻为主。在支流,冬季以硅藻为主,春秋季以硅藻、绿藻为主,夏季以蓝藻为主,其次是绿藻,其他门类占比较少。支流除冬季藻细胞密度略小于干流外,在春夏秋三季藻细胞密度均高于干流。

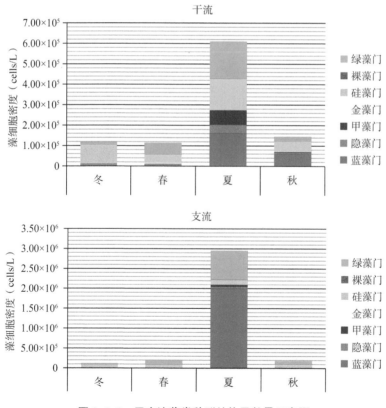

图 8.5-7　干支流藻类种群结构及数量示意图

从干支流全年比较看,干支流藻细胞密度均值分别为 2.47×10^5 cells/L 和 8.59×10^5 cells/L。溪洛渡支流的藻细胞密度明显高于干流。从藻类丰度上看,干流硅藻占优,其次是绿藻、蓝藻;支流蓝藻占据较大优势,其次为绿藻、硅藻,甲藻和隐藻在干支流也占有少量比例,其余门类较为少见,数量极低。干支流藻细胞密度均值比较见图 8.5-8。

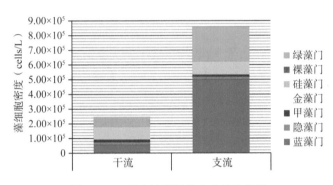

图 8.5-8　干支流藻细胞密度均值比较

8.5.5　水华风险分析

从单个断面单次的监测结果上看,藻细胞密度范围为 $2.30 \times 10^3 \sim 6.10 \times 10^7$ cells/L。其中 6 月美姑河和 8 月豆沙溪沟两个断面有监测达到 10^7 cells/L 以上的情况,各断面藻细胞密度大于 10^6 cells/L 的有 12 次,在 5—10 月均有出现,7、8 月份出现的频率更高。由此可见,溪洛渡藻类密度较大的时期主要为夏季,具体藻细胞密度大于 10^6 cells/L 的断面及月份情况见表 8.5-3。

表 8.5-3　藻细胞密度大于 10^6 cells/L 的断面及月份情况

月份	干/支流	样品序号	断面测点	合计(cells/L)	优势种	水华程度分级
2022 年 5 月	支流	LTH02	美姑河	2.29×10^6	绿藻	无明显水华
2022 年 6 月	支流	LTH02	美姑河	1.36×10^7	绿藻	无明显水华
2022 年 6 月	支流	KW01	豆沙溪沟	2.25×10^6	绿藻	无明显水华
2022 年 7 月	干流	XLD01	溪洛渡坝前	2.49×10^6	绿藻、硅藻	无明显水华
2022 年 7 月	干流	XLD02	巫家田坝	1.50×10^6	绿藻、蓝藻	无水华
2022 年 7 月	干流	XLD03	上田坝镇	1.02×10^6	硅藻	无水华

续表

月份	干/支流	样品序号	断面测点	合计(cells/L)	优势种	水华程度分级
2022 年 8 月	干流	XLD02	巫家田坝	1.75×10^6	蓝藻、甲藻	无水华
2022 年 8 月	干流	XLD03	上田坝镇	1.35×10^6	蓝藻、甲藻	无水华
2022 年 8 月	支流	XSJH01	西苏角河口	1.64×10^6	绿藻、硅藻	无水华
2022 年 8 月	支流	KW01	豆沙溪沟	6.10×10^7	绿藻、蓝藻	无明显水华
2022 年 9 月	干流	XLD06	芦稿镇	1.35×10^6	蓝藻	无水华
2022 年 10 月	支流	KW04	金家沟	1.79×10^6	绿藻	无水华

8.6　小结

溪洛渡库区年度共检出藻类 7 门,102 属种(及变种),干支流各种藻类种类数量组成差异不大,常见种类以绿藻和硅藻为主,四个季节藻类种类数量组成差异不大,夏季藻类种类相对丰富。

从种群数量上看,年度溪洛渡藻细胞密度最大值出现在 6—8 月,库区干支流总体上,各月藻细胞密度月均值变化范围为 $5.14 \times 10^4 \sim 4.14 \times 10^6$ cells/L。从单个断面单次的监测结果上看,藻细胞密度范围为 $2.30 \times 10^3 \sim 6.10 \times 10^7$ cells/L。干流藻细胞密度最大值在 7 月和 8 月;支流藻细胞密度最大值也在 6 月和 8 月。总体上,夏季藻细胞密度较高,其余三季相对较低;支流藻细胞密度稍高于干流。

从藻类种群结构上看,溪洛渡库区优势藻类以绿藻门、硅藻门和蓝藻门为主,且随季节呈现出藻种演替。从干流上看,硅藻为优势门类,其次是绿藻、蓝藻。而支流上,蓝藻占据较大优势,其次为绿藻、硅藻。藻类群落结构演替总体上表现为:冬季占优势地位的浮游植物主要是硅藻,伴随少量绿藻;春季绿藻占比增加,溪洛渡库区优势藻类以绿藻、硅藻为主;夏季蓝藻大量繁殖成为优势门类,绿藻次之,其他门类相对占比较少;秋季蓝藻细胞密度减小,过渡至以硅藻、绿藻为主。

从不同季节看,均呈现出夏季藻细胞密度最高。在干流,夏季以绿藻、蓝藻和硅藻为主,三种门类藻细胞密度相差不大,其次是甲藻和隐藻。冬、春、秋三季藻细胞密度均较低,冬季以硅藻为主,春季以硅藻、绿藻为主,秋季以硅藻、蓝藻为主。在支流,冬季以硅藻为主,春秋季以硅藻、绿藻为主,夏季以蓝藻为主,其次是绿藻,其他门类占比较少。

溪洛渡水质总体状况为优,营养状态普遍处于贫营养—中营养的状态,大部分断面在大部分时间,藻细胞密度不高。目前溪洛渡库区没有大面积长时间藻类集聚扩散现象,但在美姑河、豆沙溪沟和溪洛渡坝前局部,偶见藻细胞密度较高的情况,可能存在一定的水华风险,应当重点关注。

第9章

三峡库区大宁河监测实践

9.1 区域概况

　　大宁河位于重庆市东北部,三峡库区腹心地带,发源于巫溪县新田坝,于巫山县巫峡镇龙江村汇入长江,全长 181 km,是三峡库区长江左岸一级支流。大宁河流经巫山县大昌,截断山脉,形成秀丽的滴翠峡、巴雾峡及龙门峡小三峡,峡谷长约 50 km,有"不是三峡,胜似三峡"之誉。

　　流域地势自西北向东南转向南倾斜,大昌以上为中、上游,地处大巴山东南端,大部分山峰海拔 2 000 m 以上,下游为巫山背斜西翼,山顶海拔 1 500～1 800 m。各段河流深切于丛山之中,岭谷高差 600～1 200 m,沿河两岸多峡谷,谷坡 50°～80°,局部有小块山间盆地。沿河偶有山崖崩坍、滑坡、岩石堵塞河道,形成较多的急流险滩。上游河源至巫溪,比降 9‰;中游巫溪至大昌,比降 1.8‰;下游大昌至河口,比降 1.4‰。流域气候受地形影响有水平与垂直方向的变化。降水自南向北,自谷底向谷顶递增,气温则呈相反趋势。年降水量 1 000～1 400 mm,夏、秋两季相对集中。河川径流以降水补给为主。河口多年平均流量 106 m³/s,据巫溪水文站 14 年统计,多年平均流量 70.8 m³/s。径流的年内分配不均,最大月(7月)径流与最小月(12月或1月)径流之比为12∶1。丰水期(5—10月)河川径流总量可占全年径流总量80%以上,枯水期(12—2月)仅占全年径流5%左右。

　　受三峡库区蓄水影响,大宁河自大昌镇至河口形成长度约 30 km 的回水区。自蓄水以来,大宁河局部水域富营养化趋势较为明显,局部区域在个别时段有水华出现,相关的研究也日益增多。

9.2 监测概况

9.2.1 监测时间与断面设置

2017年3月对大宁河全河段进行了浮游植物和水质采样调查。在河流上、中、下游典型河段，及其主要支流西溪河、东溪河、小溪河上，共设置了中梁乡棕树包、下堡镇下瓦房、宁桥水文站、荆竹坝、大河乡、巫溪水文站、白杨河、花台乡、龙井湾、洋溪河、大昌古城码头、肖家湾、双龙镇、周家湾、白水河、龙门桥16个断面，其断面编号及位置示意图见图9.2-1。

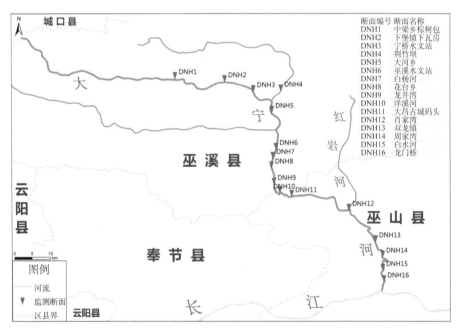

断面编号	断面名称
DNH1	中梁乡棕树包
DNH2	下堡镇下瓦房
DNH3	宁桥水文站
DNH4	荆竹坝
DNH5	大河乡
DNH6	巫溪水文站
DNH7	白杨河
DNH8	花台乡
DNH9	龙井湾
DNH10	洋溪河
DNH11	大昌古城码头
DNH12	肖家湾
DNH13	双龙镇
DNH14	周家湾
DNH15	白水河
DNH16	龙门桥

图 9.2-1 大宁河浮游植物采样断面设置

通过采样调查和分析，获取了大宁河各个断面的浮游植物和水质的定量数据，经过统计分析，构建了基于浮游植物完整性指数（P-IBI）的河流健康评价体系和标准，对大宁河整条河流、各河段，以及各断面的生态健康状况分别给予了健康度评价，为大宁河乃至库区其他河流的保护和修复提供了参考。

9.2.2　浮游植物采样及分析

根据断面水面宽度,每个断面设 1～2 条垂线,采集中泓或左、右垂线处,水面下 0.5 m 的样品制成等比例综合样品(图 9.2-2)。

浮游植物分析的包括定性分析和定量分析。采样及分析方法参考标准《内陆水域浮游植物监测技术规程》(SL 733—2016),浮游植物鉴定参考《中国淡水藻类——系统、分类及生态》等。

图 9.2-2　大宁河采样现场

9.3　浮游植物完整性指数(P-IBI)的构建

9.3.1　参照点与受损点的确定

按照森林覆盖率和受人类活动干扰程度大小等标准,将样点分为无干扰样点、干扰极小样点和干扰样点。选取无干扰样点或干扰极小样点,作为参考点,而其余的明显受影响的干扰样点,作为受损点。通过断面实地查勘发现,下堡镇下瓦房(DNH2)、宁桥水文站(DNH3)、荆竹坝(DNH4)3 个断面生境较好,河流大多为碎石、鹅卵石、细沙等,河岸稳定、有丰富的植被,河水很清澈,无异味,河水静置后基本无沉淀物质,人类干扰较少,符合无干扰或干扰极小样点的要求,被用作参照点,余下的 13 个断面为受损点。

9.3.2 候选指标的选择

基于对全河段 16 个断面的现场调查和实验室分析,本次选取了浮游植物种类组成、丰富度、水华特性、多样性与均匀度等 5 个类型,共 25 个能反映环境影响和变化的指标(表 9.3-1)作为候选指标。

表 9.3-1 候选生物指标

序号	候选生物指标	对干扰的反映
M1	藻类种类数	减小(-)
M2	硅藻门物种数	减小(-)
M3	蓝绿藻物种数	减小(-)
M4	硅藻物种数占比	减小(-)
M5	蓝绿藻物种数占比	增大(+)
M6	总藻细胞数量(mg/L)	增大(+)
M7	蓝绿藻藻细胞密度(cells/L)	增大(+)
M8	甲藻、隐藻藻细胞密度(cells/L)	增大(+)
M9	硅藻藻细胞密度占比	减小(-)
M10	蓝绿藻藻细胞密度占比	增大(+)
M11	总生物量(mg/L)	增大(+)
M12	硅藻生物量(mg/L)	增大(+)
M13	蓝绿藻生物量(mg/L)	增大(+)
M14	硅藻生物量占比	减小(-)
M15	蓝绿藻生物量占比	增大(+)
M16	前三优势种藻细胞密度占比	增大(+)
M17	前三优势种生物量和(mg/L)	增大(+)
M18	前三优势种生物量占比	增大(+)
M19	常见的水华藻种类占比	增大(+)
M20	常见的水华藻类生物量(mg/L)	增大(+)
M21	常见水华藻类生物量占比	增大(+)
M22	细胞 Shannon-Wiener 多样性指数	减小(-)
M23	细胞 Margalef 指数	减小(-)
M24	细胞 Simpson 指数	减小(-)
M25	细胞 Pielou 指数	减小(-)

9.3.3　核心指标的确定

经分析统计后,按以下步骤进行筛选,得到构建 P-IBI 评价指标体系的核心指标。①分布范围分析:分析统计量分布范围,剔除分布范围过小或波动过大的指标;②判别能力分析:比较参照点和受损点箱体 IQ(25％至 75％分位数范围)的重叠情况,分析参考点和受损点之间的差异大小,以剔除判别能力较差的指标;③进行相关性分析,考察指标间的信息重叠程度,剔除显著相关、意义重复的指标。

（1）分布范围分析

通过分析 25 个候选指标在样点中的分布范围(表 9.3-2),可见 M16、M18 两个指标,相对变化幅度不大,意义不明显;M6、M7 数据变化幅度过大,数据不稳定,不适宜参与构建 IBI 指标体系;将余下的 21 生物参数进行判别能力分析。

表 9.3-2　候选生物指标的数值在各样点的分布情况

生物参数	平均值	样本标准差	最小值	最大值	极差
M1	12.3	3.5	6.0	18.0	12.0
M2	6.1	4.1	0.0	11.0	11.0
M3	4.6	1.5	2.0	8.0	6.0
M4	0.4	0.3	0.0	0.8	0.8
M5	0.4	0.2	0.2	0.7	0.5
M6	401 423.3	897 126.4	1 800.0	3 305 765.0	3 303 965.0
M7	382 462.5	896 233.8	0.0	3 295 250.0	3 295 250.0
M8	1 871.9	3 409.9	0.0	10 500.0	10 500.0
M9	0.6	0.4	0.0	1.0	1.0
M10	0.4	0.5	0.0	1.0	1.0
M11	0.1	0.2	0.0	0.7	0.7
M12	0.0	0.0	0.0	0.1	0.1
M13	0.0	0.1	0.0	0.3	0.3
M14	0.4	0.4	0.0	1.0	1.0
M15	0.2	0.3	0.0	0.7	0.7
M16	0.9	0.1	0.5	1.0	0.5
M17	0.1	0.2	0.0	0.7	0.7
M18	0.9	0.1	0.6	1.0	0.4
M19	0.5	0.3	0.1	1.0	0.9
M20	0.1	0.2	0.0	0.7	0.7

续表

生物参数	平均值	样本标准差	最小值	最大值	极差
M21	0.5	0.4	0.0	1.0	1.0
M22	1.5	0.7	0.7	3.1	2.4
M23	1.1	0.4	0.5	1.6	1.1
M24	0.5	0.2	0.2	0.9	0.7
M25	0.6	0.3	0.3	1.1	0.8

（2）判别能力分析

比较参照点和受损点箱体 IQ 的重叠情况，结果 M3、M5、M9、M10、M11、M12、M13、M15、M17 等参照点和受损点箱体重叠，且存在中位数值都在对方箱体范围之内的情况（即 IQ<2），予以剔除；余下 12 生物参数纳入下一步分析，这 12 个生物参数的参考点与受损点箱体重叠情况见图 9.3-1。

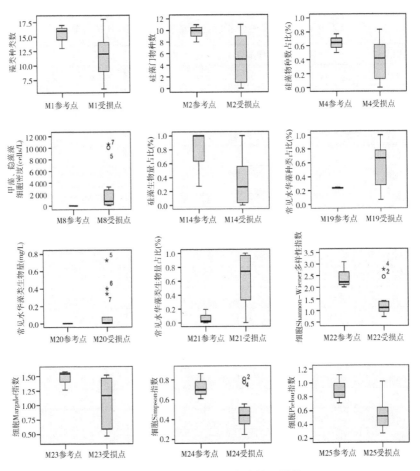

图 9.3-1　参考点与受损点箱体重叠情况

（3）相关性分析

对余下的 12 个参数进行 Pearson 相关性分析,其结果见表 9.3-3。采用 Maxted 的标准,以 $|r| \geq 0.90$ 表示 2 个参数间高度相关,对高度相关的参数,取其中一个即可代表相关参数间所包含的大部分信息。

由表可见,M1 与 M23;M2、M4、M19;M14 与 M21;M22、M24、M25 等四组指标高度相关。综合考察后,舍去 M1、M4、M14、M19、M24、M25,确定保留 M2、M8、M20、M21、M22、M23 这 6 个指标组成核心评价指标集。

表 9.3-3　相关性分析结果

	M1	M2	M4	M8	M14	M19	M20	M21	M22	M23	M24	M25
M1	1.000											
M2	0.896	1.000										
M4	0.771	0.961	1.000									
M8	−0.435	−0.505	−0.485	1.000								
M14	0.586	0.650	0.667	−0.504	1.000							
M19	−0.861	−0.965	−0.934	0.468	−0.559	1.000						
M20	−0.496	−0.540	−0.499	0.898	−0.533	0.456	1.000					
M21	−0.693	−0.716	−0.701	0.551	−0.904	0.706	0.569	1.000				
M22	0.460	0.454	0.377	−0.339	0.154	−0.593	−0.315	−0.432	1.000			
M23	0.910	0.891	0.820	−0.632	0.558	−0.846	−0.681	−0.659	0.459	1.000		
M24	0.268	0.300	0.251	−0.255	0.017	−0.464	−0.206	−0.289	0.966	0.306	1.000	
M25	0.223	0.246	0.180	−0.276	−0.004	−0.398	−0.235	−0.264	0.963	0.246	0.979	1.000

9.3.4　P-IBI 的计算

在核心指标的基础上,计算各个核心指标在全部样点中的 95% 或 5% 分位数的值,并采用比值法计算 P-IBI 值。对于随干扰增大而值减小的指标,以 95% 分位数的指标值为最佳期望值,样点指标分值＝实测值/最佳期望值;对于随干扰增大而值增大的指标,则以 5% 分位数的指标值为最佳期望值,指标分值＝(最大值-实测值)/(最大值-最佳期望值),最后将核心指标分值累加,得出各样点的 P-IBI 总分值,结果见表 9.3-4。

表 9.3-4　各断面 P-IBI 结果

序号	断面	断面类型	P-IBI 值
1	中梁乡棕树包	受损点	4.375

序号	断面	断面类型	P-IBI 值
2	下堡镇下瓦房	参考点	5.699
3	宁桥水文站	参考点	5.608
4	荆竹坝	参考点	5.501
5	大河乡	受损点	4.815
6	巫溪水文站	受损点	5.703
7	白杨河	受损点	4.382
8	花台乡	受损点	5.081
9	龙井湾	受损点	0.778
10	洋溪河	受损点	2.128
11	大昌古城码头	受损点	1.517
12	肖家湾	受损点	2.659
13	双龙镇	受损点	2.770
14	周家湾	受损点	4.011
15	白水河	受损点	4.143
16	龙门桥	受损点	4.527

9.4 断面赋分及健康度评价

计算出各样点的浮游植物完整性指数(P-IBI)值后,选取参照点样方数据的 25 % 分位数值作为理想期望值(IBIE),赋分 100,对小于 25% 分位数值的分布范围进行四等分,并以此确定各河段 P-IBI 指数值的赋分标准。评估样点或河段完整性指数赋分 IBIr 采用公式计算:

$$IBIr = IBI / IBIE \times 100$$

式中:IBIr 为评估单元浮游植物完整性指标赋分;IBI 为其浮游植物完整性指标值;IBIE 为浮游植物完整性指标理想期望值。

根据此方法,对各断面生态状况进行 P-IBI 指数的计算、赋分和等级划分。将样点生态状况等级分为"理想、健康、亚健康、不健康、病态"五个级别,其健康等级划分标准见表 9.4-1 。最后,根据相关代表断面控制河长在河流和河段中比例,来确定断面在河流中的权重,并计算各个河段以及河流整体的健康赋分。

表 9.4-1 健康等级的划定标准

分值范围	(0～0.25)×IBIE	(0.25～0.50)×IBIE	(0.50～0.75)×IBIE	(0.75～1.00)×IBIE	≥IBIE
赋分区间	0～25	25～50	50～75	75～100	≥100
状态等级	病态	不健康	亚健康	健康	理想

可得参照点样方数据的 25 ％分位数值为 5.554,以此作为 P-IBI 的理想期望值,赋分 100。并根据相关方法和公式对大宁河各断面、各河段以及河流整体进行断面赋分及健康等级评价,结果见表 9.4-2,将沿河各个断面生态健康度赋分绘制成变化趋势图,见图 9.4-1。

从河流整体来看,大宁河总体赋分为 70.1 分,处于亚健康状态。

从不同河段来看,大宁河上游段为健康状态,中、下游段则处于亚健康状态。

表 9.4-2 大宁河各断面 IBI 值及断面、河段及河流赋分评价结果

序号	断面	断面类型	P-IBI 值	P-IBIr 值	健康度	河段	控制河长(km)(权重)	河段评价	河流评价
1	中梁乡棕树包	受损点	4.375	78.8	健康	上游段	54(0.383)	95.3(健康)	70.1(亚健康)
2	下堡镇下瓦房	参考点	5.699	102.6	理想				
3	宁桥水文站	参考点	5.608	101.0	理想				
4	荆竹坝	参考点	5.501	99.0	健康				
5	大河乡	受损点	4.815	86.7	健康				
6	巫溪水文站	受损点	5.703	102.7	理想				
7	白杨河	受损点	4.382	78.9	健康	中游段	61(0.433)	50.0(亚健康)	
8	花台乡	受损点	5.081	91.5	健康				
9	龙井湾	受损点	0.778	14.0	病态				
10	洋溪河	受损点	2.128	38.3	不健康				
11	大昌古城码头	受损点	1.517	27.3	不健康				
12	肖家湾	受损点	2.659	47.9	不健康	下游段	26(0.184)	65.2(亚健康)	
13	双龙镇	受损点	2.770	49.9	不健康				
14	周家湾	受损点	4.011	72.2	亚健康				
15	白水河	受损点	4.143	74.6	亚健康				
16	龙门桥	受损点	4.527	81.5	健康				

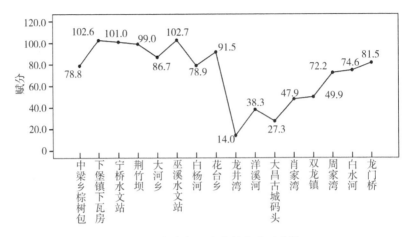

图 9.4-1　各个断面生态健康度赋分情况

9.5　分析与讨论

9.5.1　健康度结果分析

基于生物完整性指数的河流健康度评价,其各断面的健康度赋分均以参考系为参考,因而,参考系的选取对评价结果有较大的影响。而作为受损点的样点,也不排除有部分样点健康度赋分较高,健康度较好。而由于各断面的健康度赋分在后续评价中需要按权重参与河段及河流整体的评价,因此,本次评价结果中,即使样点中有超过 100 分的赋分,也予以保留。

从各个断面上看,本次调查评价的 16 个断面,处于理想、健康、亚健康、不健康以及病态状态的断面分别为 3 个、6 个、2 个、4 个、1 个。

从大宁河沿线各断面的生物层评分上也可以看出,巫溪水文站以上的上游段得分均较高,处于理想或健康的状态,"龙井湾—大昌古城码头"段,其赋分均小于 40,赋分较低,其健康度较差(表 9.5-1)。

因此,本次监测大宁河中下游河段受损相对严重,受损最严重的河段为"龙井湾—大昌古城码头"段。

9.5.2　结合浮游植物定量结果分析讨论

根据各断面的藻细胞密度、生物量等定量分析的数据,可分别得到各断面浮游植物的优势种。依据藻细胞密度或生物量,部分断面的优势种为不同的种类,但是总体而言,上游段浮游植物主要优势种为硅藻、中游段主要为甲藻和蓝藻,下游段主要为硅藻和甲藻。这也说明中游段富营养化程度较为严重,其健康度较差(表 9.5-1)。

从藻细胞密度上看,DNH9~DNH11,即龙井湾、洋溪河和大昌古城码头三个断面束丝藻藻细胞密度超过 10^6 cells/L,从生物量上看,这三个断面的总生物量均大于 0.3 mg/L,这均说明这几个断面具有一定的水华风险。而在库区支流中,从春季到秋季,类似的水华风险的情况时有发生,这主要由于水体具备一定的营养基础和适宜水文条件后,从春季开始到秋季,气象条件也较为适宜。

而藻细胞密度和生物量较大的这三个断面,其生态健康度赋分分别为14.0、38.3、27.3,分别处于病态、不健康和不健康状态。因此,生态健康度评价结果和浮游植物定量结果较为一致。

表 9.5-1　各断面浮游植物定量结果

断面编号	藻细胞密度 (cells/L)	优势种 (按藻细胞密度)	藻类生物量 (mg/L)	优势种(按生物量)
DNH1	2 700	桥弯藻属	0.001 8	多甲藻属
DNH2	25 200	直链藻属	0.014 6	直链藻属
DNH3	16 700	直链藻属	0.020 2	鼓藻属
DNH4	13 400	直链藻属	0.008 7	直链藻属
DNH5	12 850	颤藻属	0.000 7	小环藻属
DNH6	15 600	直链藻属	0.013 5	鼓藻属
DNH7	87 150	直链藻属	0.129 3	角甲藻属
DNH8	12 450	直链藻属	0.014 3	多甲藻属
DNH9	3 305 750	束丝藻属	0.724 7	角甲藻属
DNH10	1 378 000	束丝藻属	0.414 4	空球藻属
DNH11	1 338 250	束丝藻属	0.365 1	角甲藻属
DNH12	147 600	束丝藻属	0.061 2	角甲藻属
DNH13	5 000	空球藻属	0.024 3	角甲藻属
DNH14	1 800	直链藻属	0.003 7	多甲藻属
DNH15	31 500	直链藻属	0.020 6	直链藻属
DNH16	28 800	直链藻属	0.019 1	直链藻属

9.5.3　结合流域自然和社会概况分析

结合大宁河流域的自然资源和人口分布可以发现,大宁河上游段,处于山区段,人口相对较少;下游段,多为高山峡谷和风景旅游区,两岸固定人口很少;人口密集的区域为巫溪县城、巫山大昌镇所在的大宁河中游段,这也正是本次评价受损严重的河段。初步判断,大宁河中下游河段,人口密集,污染物负荷大,可能是其中下游河段受损较为严重的重要原因。而在调查期间,发现"龙井湾—大昌古城码头"河段上游的巫山县城设置有污水处理厂。这些污水处理设施,尽管运行正常,污水处理率较高,但其处理率和达标率以及效率,依然有提升的空间。另外,除目前我国约束性环境指标体系进行总量控制的 COD 和氨氮以外,可适时将总磷、总氮等指标纳入库区的区域性约束性总量指标,以此控制库区过快富营养化的趋势。

9.6 小结

本工作通过构建浮游植物完整性指数评价体系,对大宁河河流整体、河段和各断面的健康度进行了赋分评价。

本次大宁河总体处于亚健康状态。上游段为健康状态,中、下游段则处于亚健康状态,受损相对严重,局部样点呈现病态。受损最严重的河段为"龙井湾—大昌古城码头"段。

而生态健康度评价结果和浮游植物定量结果一致。说明基于 P-IBI 的生态健康度的评价体系能较好地评价大宁河的健康度。

初步推断,大宁河中下游人口密集,污染物负荷大,可能是其中下游河段受损较为严重的重要原因。

应当对这些受损的河段,予以重点关注,加强受损河段及其上游段排污控制和污染物处理,降低大宁河污染物负荷,有针对性地开展生态修复治理。

第10章

三峡库区小江(澎溪河)监测实践

10.1 区域概况

小江(澎溪河)是长江上游段左岸一条较大的一级支流,发源于重庆市开州区白泉乡,纳入南河、普里河等支流后,在云阳县汇入长江,小江河口距三峡大坝247 km,三峡水库正常蓄水后,小江回水区延长至60 km左右,上端延伸至开县渠口镇境内,是一条有代表性的库区支流。

小江大部在重庆市开州区、云阳县境内,流域面积5 200余平方千米,河长180余千米,天然落差近1 600 m,平均坡降约8.72‰。小江流域北部为大巴山南坡高山深丘,南部属川东平行岭谷地带,大部为低山丘陵,间有河谷平坝,地势北高南低。北端与渠江水系分水,南端与川江诸小支流分界,东端与汤溪河分水。流域内的山地多为石灰岩结构,岩溶发育,山脊呈锯齿或长垣状,山岭间河谷深切,临江最高相对高差达1 000 m左右。平行谷岭间河谷较开阔,有较宽的河谷平坝。流域内丘陵一般较平缓,干、支流河谷平坝以冲积阶地居多,海拔约150~250 m。

三峡水库正常蓄水后,小江回水区延长,上端延伸至开县渠口镇境内,水华逐渐增多,而这在蓄水之前较为少见。

10.2 监测概况

10.2.1 监测时间与断面设置

2016年4月对小江进行了浮游植物采样调查,从小江源头的开县白泉乡到云阳小江河口,在河流上、中、下游典型河段,以及主要支流南河、普里河上,选择有代表性的生境设置采样断面,共设置了开县泉秀村、老岩洞、郭家镇、南河、南河汇入口下游、调节坝上游、普里河汇入口上游、普里河、普里河汇入口下游、渠马镇、高阳镇、高阳平湖、礁石子渡口、黄石镇、小江河口等15个断面(表10.2-1),其断面位置示意图见图10.2-1。

通过采样调查和分析(图10.2-2),获取了小江全江段浮游植物定量数据,经过统计分析和筛选,构建了基于小江浮游植物完整性指数(P-IBI)的河流健康评价体系和标准,对小江各断面、各河段以及整条河流的生态健康给予评价,为小江和其他库区支流乃至整个流域的库区河流的修复和保持提供参考。

表 10.2-1 小江浮游植物采样断面设置

类型	断面编号	断面名称
干流	XJ-1	开州区泉秀村
干流	XJ-2	老岩洞
干流	XJ-3	郭家镇
支流	XJ-4	南河
干流	XJ-5	南河汇入口下游
干流	XJ-6	调节坝上游
干流	XJ-7	普里河汇入口上游
支流	XJ-8	普里河
干流	XJ-9	普里河汇入口下游
干流	XJ-10	渠马镇
干流	XJ-11	高阳镇
干流	XJ-12	高阳平湖
干流	XJ-13	礁石子渡口
干流	XJ-14	黄石镇
干流	XJ-15	小江河口

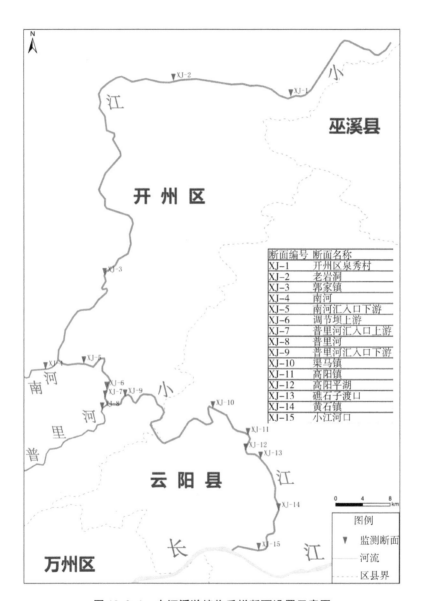

图 10.2-1　小江浮游植物采样断面设置示意图

图 10.2-2　小江(澎溪河)浮游植物采样现场

10.2.2　浮游植物采样及分析

各断面根据水面宽度,设 1～3 条垂线,采集水面下 0.5m 处的样品,制备该断面各垂线的等比例综合样品。

浮游植物的采集包括定性采集和定量采集。样品在采集后尽快完成分析。采样及分析鉴定等参考标准《内陆水域浮游植物监测技术规程》(SL 733—2016)相关标准和文献。

10.3　浮游植物完整性指数 P-IBI 的构建

浮游植物完整性指数的构建主要分为参照点与受损点的确定、候选指标的选择和筛选、P-IBI 指数的计算等几个步骤。

10.3.1　参照点与受损点的确定

按照森林覆盖率和受人类活动干扰程度大小等标准,将样点分为无干扰样点、干扰极小样点和干扰样点。调查村庄、污染源、森林覆盖率等情况,根据受人类活动干扰程度,选取无干扰样点或干扰极小样点,作为参考点;而其余的明显受影响的干扰样点,作为受损点。

通过断面实地查勘发现,开县泉秀村、老岩洞、郭家镇 3 个断面生境较好,河流大多为碎石、鹅卵石、大石、细沙等,河岸稳定、有丰富的植被,河水清澈,无异味,河水静置后基本无沉淀物质,人类干扰较少,符合无干扰或干扰极小样点的要求,被用作参照点,余下的 12 个断面为受损点。

10.3.2　候选指标的选择

基于对各个断面的现场勘查和室内定量分析数据,选取浮游植物(种类、个体、生物量等)数量、结构、功能等产生影响的指标作为候选指标,本次主要选择了种类组成、丰富度、种群营养结构、水华特性、多样性与均匀度等类型的 26 个指标(表 10.3-1)作为候选指标。

表 10.3-1　候选生物指标

序号	候选生物指标	对干扰增大的响应
M1	藻类种类数(总分类单元数)	—
M2	硅藻门物种数	—
M3	甲藻门＋隐藻门物种数	＋
M4	硅藻门物种数百分比(%)	—
M5	甲藻门＋隐藻门物种数百分比(%)	＋
M6	总藻细胞数量(mg/L)	＋
M7	优势种藻细胞密度(cells/L)	＋
M8	水华藻类藻细胞密度(cells/L)	＋
M9	甲藻门＋隐藻门藻细胞密度(cells/L)	＋
M10	硅藻门藻细胞密度百分比(%)	—
M11	甲藻门＋隐藻门藻细胞密度百分比(%)	＋
M12	总生物量(mg/L)	＋
M13	硅藻门生物量(mg/L)	＋
M14	甲藻门＋隐藻门生物量(mg/L)	＋
M15	蓝藻门＋绿藻门生物量(mg/L)	＋
M16	硅藻门生物量百分比(%)	—
M17	蓝藻门＋绿藻门生物量百分比(%)	＋
M18	甲藻门＋隐藻门生物量百分比(%)	＋

序号	候选生物指标	对干扰增大的响应
M19	前三优势种藻细胞密度(cells/L)	+
M20	优势种藻细胞密度百分比(%)	+
M21	水华藻种类数	+
M22	水华藻类藻细胞密度百分比(%)	+
M23	Shannon-Wiener 多样性指数	−
M24	Margalef 指数	−
M25	Simpson 指数	−
M26	Pielou 指数	−

10.3.3 核心指标的确定

在对候选指标进行统计后,通过分布范围分析、判别能力分析、正态分布检验和相关性分析等步骤,剔除分布范围过小或过大、意义相对不明显、判别能力较差以及信息高度重叠的指标,得到核心指标。

(1) 分布范围分析

通过分析 26 个候选生物指标在样点中的分布范围(表 10.3-2),发现 M6、M7、M8、M9、M19 指标,极差和样本标准差过大,数据变化幅度过大,且这几个均为藻细胞密度数量指标,相对于生物量指标及生物量占比指标其包含的信息较少(仅有数量信息);M3、M5、M13、M20、M21、M22 这 6 个指标,相对变化幅度较小或者难以反映环境变化对目标生物群体的影响。这些指标不适宜参与构建 IBI 指标体系,予以剔除;将余下的 15 个生物参数进行判别能力分析。

表 10.3-2 候选生物指标的数值在各样点的分布情况

序号	平均值	样本标准差	最小值	最大值	极差
M1	8.5	4.8	3.0	20.0	17.0
M2	4.3	3.9	0.0	13.0	13.0
M3	1.7	0.6	1.0	3.0	2.0
M4	0.398	0.269	0.000	0.818	0.818
M5	0.286	0.219	0.083	0.667	0.583

续表

序号	平均值	样本标准差	最小值	最大值	极差
M6	292 673	382 553	10 165	1 460 620	1 450 455
M7	247 493	392 416	4 200	1 460 000	1 455 800
M8	273 919	393 799	550	1 460 420	1 459 870
M9	58 158	74 853	100	192 340	192 240
M10	0.308	0.374	0.000	0.879	0.879
M11	0.301	0.356	0.000	0.999	0.999
M12	2.866	3.704	0.018	9.586	9.568
M13	0.016	0.025	0.000	0.083	0.083
M14	2.837	3.721	0.001	9.577	9.576
M15	0.013	0.019	0.000	0.073	0.073
M16	0.197	0.311	0.000	0.868	0.868
M17	0.207	0.329	0.000	0.867	0.867
M18	0.595	0.422	0.019	1.000	0.981
M19	285 902	385 834	8 450	1 460 620	1 452 170
M20	0.666	0.248	0.355	1.000	0.644
M21	3.7	1.3	1.0	6.0	5.0
M22	0.645	0.432	0.018	1.000	0.982
M23	1.285	0.959	0.006	2.594	2.589
M24	0.672	0.488	0.141	1.854	1.713
M25	0.425	0.308	0.001	0.753	0.752
M26	0.590	0.409	0.005	0.993	0.988

(2)判别能力分析

参与分析的 15 个生物参数的箱体 IQ 重叠的具体结果如图 10.3-1 所示。可见 M15、M17、M25、M26 等 4 个指标,参考点和受损点统计量中出现中位数值在对方箱体范围之内的情况,即箱体有部分重叠的情况,不符合 IQ≥2 的要求,说明这些指标参考点与受损点差异不明显,予以剔除。余下的 11 个生物参数纳入下一步分析。

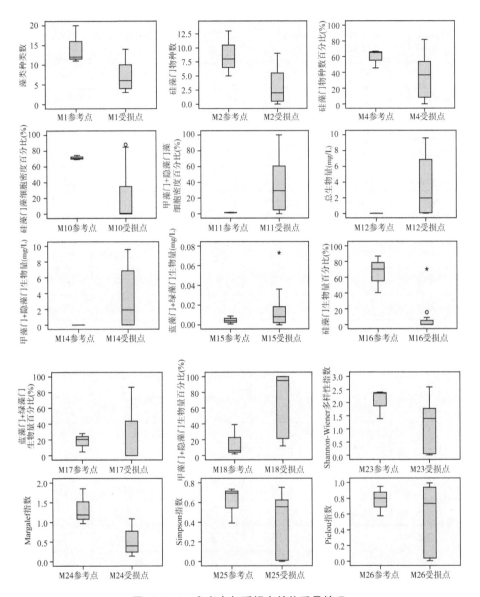

图 10.3-1　参考点与受损点箱体重叠情况

（3）相关性分析

再用 SPSS 软件对剩下的 11 个指标进行 Pearson 相关性分析,其计算结果见表 10.3-3。对于 $|r| > 0.85$ 的两个参数间高度相关,取其中一个即可代表相关参数间所包含的大部分信息,优先保留信息含量大的指标。由此综合考察后,舍去 M1、M2、M11、M14 和 M16,保留 M4、M10、M12、M18、M23、M24 这 6 个指标,组成核心评价指标集。

表 10.3-3　候选生物指标相关性分析结果

	M1	M2	M4	M10	M11	M12	M14	M16	M18	M23	M24
M1	1.00										
M2	0.96	1.00									
M4	0.74	0.86	1.00								
M10	0.66	0.79	0.82	1.00							
M11	−0.47	−0.50	−0.52	−0.52	1.00						
M12	−0.56	−0.62	−0.71	−0.59	0.90	1.00					
M14	−0.56	−0.62	−0.71	−0.59	0.90	1.00	1.00				
M16	0.55	0.57	0.54	0.91	−0.49	−0.49	−0.49	1.00			
M18	−0.31	−0.33	−0.34	−0.37	0.80	0.75	0.75	−0.64	1.00		
M23	0.71	0.74	0.66	0.75	−0.28	−0.28	−0.28	0.48	0.09	1.00	
M24	0.99	0.97	0.75	0.71	−0.46	−0.55	−0.55	0.60	−0.33	0.73	1.00

10.3.4　P-IBI 的计算

计算各个核心指标在全部样点中的 95% 或 5% 分位数的值,并根据指标对干扰的增大的响应,得到各指标的在本次研究中的最佳期望值。根据比值法,计算出各样点的 P-IBI 值,各样点的 P-IBI 指数赋分。

10.4　断面赋分及健康度评价

根据所得的各断面的 P-IBI 值结果,得到参照点样方数据的 25% 分位数值为 4.950,以此作为 P-IBI 的理想期望值。根据相关公式对各断面的 P-IBI 值进行赋分。依据所得赋分,参考健康状况评价标准,将样点健康状况分为"理想、健康、亚健康、不健康、病态"五个级别。并根据相关代表断面控制河长来确定断面在河流中的权重。核心指标分位数计算结果见表 10.4-1,计算各个河段以及小江河流整体的健康赋分,结果见表 10.4-2 及图 10.4-1 。

表 10.4-1　核心指标分位数计算结果

	M4	M10	M12	M18	M23	M24
最大值	0.818	0.879	9.586	1.000	2.594	1.854
5% 分位数	0.000	0.000	0.020	0.049	0.023	0.158

续表

	M4	M10	M12	M18	M23	M24
95％分位数	0.745	0.857	9.108	1.000	2.459	1.391
最佳期望值	0.745	0.857	0.020	0.049	2.459	1.391

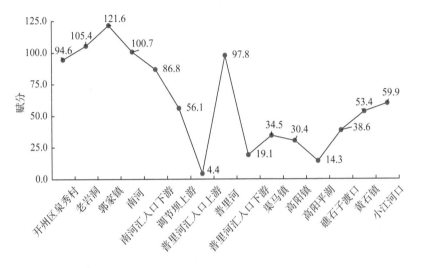

图 10.4-1　各个断面生态健康度赋分情况

10.5　分析与讨论

10.5.1　小江河流健康评价结果

基于浮游植物生物完整性指数评价的结果来看，小江河流总得分为80.4，总体上尚为健康状态。这主要得益于上游段健康状况较好，而且河段长度较长，占比较高。

从各河段来看，沿程上、中、下游河流健康状况呈现出明显的差异，小江上游段赋分为107.2，处于理想状态，中游段为60.8，处于亚健康状态，下游段为34.2，处于不健康状态。

从干支流方面来看，本次调查评价期间小江支流南河、普里河处于理想和健康的状态。干流总体上健康，部分河段不健康，局部断面处于病态状态。

从各个断面上看，本次调查评价的15个断面，处于理想、健康、亚健康、不健康以及病态状态的断面均为3个。渠马镇、高阳镇、礁石子渡口呈现不健康

表 10.4-2　小江各断面 IBI 值及断面、河段及河流赋分评价结果

序号	断面	断面类型	M4	M10	M12	M18	M23	M24	P-IBI 值	P-IBIr	健康度	河段	控制河长(km)	河段评价	河流评价
1	开县泉秀村	参考点	0.610	0.823	1.000	0.986	0.563	0.698	4.681	94.6	健康	上游段	99	107.2(理想)	80.4(健康)
2	老岩洞	参考点	0.894	0.868	1.000	0.641	0.960	0.857	5.220	105.4	理想				
3	郭家镇	参考点	0.872	0.808	0.999	1.032	0.976	1.333	6.020	121.6	理想				
4	南河	受损点	0.958	1.026	0.993	0.841	0.786	0.380	4.986	100.7	理想				
5	南河汇入口下游	受损点	0.767	0.685	0.905	0.103	1.055	0.784	4.316	86.8	健康				
6	调节坝上游	受损点	0.671	0.129	0.690	0.004	0.593	0.689	2.836	56.1	亚健康	中游段	46	60.8(亚健康)	
7	普里河汇入口上游	受损点	0.000	0.000	0.071	0.000	0.026	0.119	0.142	4.4	病态				
8	普里河	受损点	1.098	0.989	0.980	0.163	0.899	0.714	4.846	97.8	健康				
9	普里河汇入口下游	受损点	0.335	0.052	0.259	0.001	0.116	0.181	1.088	19.1	病态				
10	渠马镇	受损点	0.447	0.016	0.310	0.001	0.642	0.291	1.842	34.5	不健康	下游段	38	34.2(不健康)	
11	高阳镇	受损点	0.224	0.000	0.341	0.001	0.654	0.285	1.633	30.4	不健康				
12	高阳平湖	受损点	0.000	0.000	0.000	0.001	0.537	0.168	0.901	14.3	病态				
13	礁石子渡口	受损点	0.000	0.000	0.992	0.813	0.002	0.101	1.911	38.6	不健康				
14	黄石镇	受损点	0.537	0.000	0.999	0.879	0.012	0.218	2.645	53.4	亚健康				
15	小江河口	受损点	0.596	0.001	0.998	0.925	0.017	0.426	2.964	59.9	亚健康				

状态,普里河汇入口上、普里河汇入口下游、高阳平湖三个断面呈现病态状态。

因此,小江总体上尚处于健康状态,但中下游段健康状况较差,局部断面呈现病态。

10.5.2 结合浮游植物定量分析结果分析

根据各断面的藻细胞密度、生物量等定量分析的数据,并依据生物量得到该断面浮游植物的优势种。结果见表 10.5-1。

由表可见,从上游到下游沿程各断面的优势种总体上呈现出"上游直链藻为主,中游角甲藻为主,下游的微囊藻为主"的现象。上游段硅藻门占优,中游甲藻门占优,下游蓝藻门占优,说明小江上游段生态状况较好,而中下游段较差。

表 10.5-1 小江各断面浮游植物定量分析结果

断面	总藻细胞数量(cells/L)	总生物量(mg/L)	优势种(按生物量)	优势种生物量(mg/L)	优势种生物量百分比(%)
开县泉秀村	2.9×10^4	0.023 7	直链藻属	0.012 9	54.3
老岩洞	1.0×10^4	0.021 2	角甲藻属	0.008 0	37.8
郭家镇	2.8×10^4	0.035 4	直链藻属	0.010 2	28.9
南河	8.4×10^4	0.081 9	直链藻属	0.035 8	43.8
南河汇入口下游	1.5×10^5	0.932 1	角甲藻属	0.840 0	90.1
调节坝上游	9.8×10^4	2.987 9	角甲藻属	2.975 0	99.6
普里河汇入口上游	1.8×10^5	8.902 4	角甲藻属	8.900 0	100
普里河	2.4×10^4	0.213 1	角甲藻属	0.180 0	84.5
普里河汇入口下游	1.5×10^5	7.105 3	角甲藻属	7.100 0	99.9
渠马镇	2.3×10^5	6.619 6	角甲藻属	6.600 0	99.7
高阳镇	3.0×10^5	6.324 1	角甲藻属	6.300 0	99.6
高阳平湖	3.8×10^5	9.586 1	角甲藻属	9.575 0	99.9
礁石子渡口	1.5×10^6	0.094 0	微囊藻属	0.073 0	77.7
黄石镇	5.4×10^5	0.032 9	微囊藻属	0.027 0	82.2
小江河口	7.2×10^5	0.040 2	微囊藻属	0.036 0	89.5

小江中下游段的调节坝上游、普里河汇入口上游、普里河汇入口下游、渠马镇、高阳镇、高阳平湖多个断面总生物量达到 1.0 mg/L 以上,优势种生物量占比在90%以上,藻类多样性较差,生物量高,说明小江中下游段多个断面

生态状况较差。礁石子渡口、黄石镇、高阳镇、高阳平湖、南河汇入口下游、普里河汇入口上游、普里河汇入口下游、渠马镇、小江河口多个断面藻细胞密度达到 10^5 cells/L 甚至 10^6 cells/L 以上,可见小江中下游段多个断面具有一定水华风险。

因此,利用浮游植物生物完整性指数评价的结果与浮游植物定量分析的结果均表明小江上游段生态健康度较高,而中下游段生态健康度较差。两者结果基本吻合。

10.5.3　结合流域人口和水文概况分析

结合小江流域的人口和资源分布可以发现,小江上游段,处于山区段,沿岸多为乡村,人口相对较少;中游段,从南河附近开始,为开县县城,人口密集,至普里河入河口附近,均为乡镇,再往下至小江河口,为云阳县县城。因此,相对于上游段,小江中下游段,人口密集,污染负荷大,这可能是小江中下游段受损较为严重的根本原因。

另外,小江回水段延伸到渠口镇附近,在普里河以上,接近南河汇入口。回水段水流流速较慢,水体自净能力受到影响,这也是小江中下游河段生态健康受损较为严重的重要原因。

10.6　小结

本工作基于浮游植物完整性指数评价体系,对小江全江和各局部江段以及各个调查断面所代表的具体河段进行了健康状况评价。

总体而言,小江河流尚处于健康状态,但局部问题不可忽视,小江上游段为理想状态,中游段为亚健康状态,下游段为不健康状态,局部样点呈现病态。小江河流受损主要集中在中下游河段,存在水华暴发风险,本次调查期间主要水华藻种为角甲藻和微囊藻。

小江中下游河段,尤其是从调节坝坝下的"普里河汇入口上游"到"礁石子渡口"段,是受损严重的河段,应该重点关注,加强管理。中下游地区人口密集,污染负荷大,加上回水区水流缓慢,水体自净能力弱,可能是导致局部河段受损严重的主要原因,应当有针对性地进行污染物排放控制和水环境修复治理的工作。

第11章

赤水河(四川段)监测实践

11.1 区域概况

赤水河是长江上游右岸一级支流,发源于云南省镇雄县赤水源镇银厂村,因水赤红故名赤水河。赤水河干流全长 436.5 km,总落差 1 475 m,平均比降 3.4‰,河口多年平均流量 284 m³/s。流域地跨云南省昭通市,贵州省毕节、遵义市和四川省泸州市,涉及县(区)主要有云南镇雄、威信,贵州毕节、大方、金沙、仁怀、遵义、桐梓、习水、赤水及四川的叙永、古蔺、合江、江阳、纳溪等 15 个县(市),流域面积 20 440 km²。其中四川省内及界河 245 km,流域面积 5 924 km²。

赤水河流域水系发育,呈树枝状分布,滩多流急。有一级支流 31 条,其中四川境内流域面积在 100 km² 以上的有 14 条;300 km² 以上的有 4 条;1 000 km² 以上的有 2 条:古蔺河、大同河。习水河河长 148 km(其中四川省内 36 km),流域面积 1 667 km²(其中四川省内 117 km²)。

赤水河流域属中亚热带季风气候区,气候温暖湿润,年气温变化小,冬暖夏凉,气候宜人。全年日照少,初夏晚秋多阴雨,立体气候和地区差异显著。

赤水河流域多年平均年降水量 800～1 200 mm,年平均降水深为1 020.6 mm。流域内降水分布不均匀,降水量的高值区位于赤水河左岸支流大同河上游,年降水量达 1 200 mm 以上;降水量的低值区位于赤水河中游干流及支流古蔺河中下游,年降水量为 700～800 mm。降水量年内分配不均,5—10 月降水量占全年降水量的 75%～83%,6 月、7 月降水量较多,两月降水占全年的 30% 左右,冬季 12 月和 1 月降水较少。

赤水河流域处在大娄山北面背风坡,云雾多、风力小,流域多年平均水面蒸发量一般在 700 mm 左右,陆地蒸发量在 500~650 mm。

据赤水市气象站资料统计:多年平均气温 18.1℃,最冷月(1 月)均温 7.9℃,最热月(7 月)均温 28.0℃,极端最高气温 41.3℃,极端最低气温 −1.9℃(1961 年 1 月 16 日),最高气温≥30℃的天数平均每年为 79.3 d,最低日气温≤0℃仅有 0.7 d,多年平均相对湿度为 82%,最热月月平均相对湿度为 79%,最冷月月平均相对湿度为 86%。平均无霜期 294 d,平均年日照时数 1 292.5 h,日照百分率 29%;全年平均雾日数为 13 d,最大积雪深度 3.0 cm;多年平均风速 1.6 m/s,全年为北风。

赤水河(四川段)流域内已建成水库 123 座(主要指库水直接流入赤水河干流的水库),其中:中型水库 3 座,分别为锁口水库、墨鱼尖水库和黔鱼洞电站-水库工程;小(1)型水库 19 座;小(2)型水库 101 座。赤水河干流四川省境内无水电站,干流及主要支流修建堤防工程共计 14 处,总长度 27.24 km;干流泸州段共有 22 座码头,其中合江县 8 座,叙永县 5 座,古蔺县 9 座;交通桥梁共 16 座。

赤水河流域地表水资源量为 89.07 亿 m³,全年河道内生态环境需水量为 31.17 亿 m³。赤水河流域地表水资源量扣除全年河道内生态环境需水量及汛期难于控制利用的洪水量后,可供河道外使用水的一次性最大水量(即地表水资源可利用量)为 20.6 亿 m³,地表水资源可利用率为 23.1%。

根据《2020 泸州市水资源公报》及《水资源综合规划》中数据统计分析:赤水河四川段地表水资源总量为 447 152 万 m³,地表水资源可利用量为 119 719 万 m³,地表水资源可利用率为 26.8%。

11.2　监测概况

2022 年 5 月和 10 月,在赤水河(四川段)共开展了 2 次水生态试点监测工作。

11.2.1　监测指标

水质指标:水温、电导率、溶解氧、pH 值、总氮、氨氮、总磷、高锰酸盐指数、透明度。

水生态指标:叶绿素 a、浮游植物定性、浮游植物定量等。

11.2.2 监测点位

两次试点监测分别在上游入境四川省处、中游和下游河口出口设立三个监测点位,监测点位置见图 11.2-1,断面基本信息见表 11.2-1。

图 11.2-1 赤水河监测点位置示意图

表 11.2-1 监测点位基本信息表

水域	编号	监测点	监测点地址
	CSH-1	赤水河上游	泸州市合江县车辋镇天堂村鲢鱼溪
赤水河	CSH-2	赤水河中游	泸州市合江县车辋镇灯塔村赤水河车辋大桥下游 1.2 km
	CSH-3	赤水河河口	泸州市合江县马街赤水河大桥上游 150 m

此次监测中,现场测定气温、水温、溶解氧、pH 值、透明度、叶绿素 a 等参数,总氮、总磷、高锰酸盐指数等参数现场采集水样后,带回实验室分析。水生态样品用相应的固定剂保存后带回实验室分析,浮游植物用鲁哥试剂固定,样品带回实验室后,尽快分析。现场采样照片见图 11.2-2 。

图 11.2-2　赤水河现场采样

11.3　水质状况

根据赤水河近四年水质监测数据,采用《地表水环境质量标准》(GB 3838—2002),对水质类别的结果进行评价和汇总,得到结果如图 11.3-1 和图 11.3-2 所示。

由图可见,赤水河从 2019 年到 2022 年看,Ⅱ类所占比例最高,Ⅰ类的比例逐年有所提升,水质总体上均符合Ⅰ～Ⅲ类标准,水质有向好趋势。

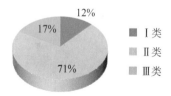

12%
17%
71%

■ Ⅰ类
■ Ⅱ类
■ Ⅲ类

图 11.3-1　赤水河 2019—2022 年水质类别总体情况

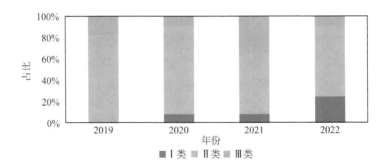

图 11.3-2　赤水河不同年份水质类别总体状况

此次水生态试点同步水质监测结果见表 11.3-1,与历年监测赤水河平均水平相符,5 月水质评价类别为 Ⅱ 类。

采用《地表水资源质量评价技术规程》(SL 395—2007)进行水体富营养化程度评价,赤水河两次监测均为中营养。

表 11.3-1　四川省水生态试点两次监测水质统计状况

序号	断面名称	月份	水质评价类别	营养状态分级
1	赤水河	5 月	Ⅱ 类	中营养
2	赤水河	10 月	Ⅱ 类	中营养

11.4　浮游植物监测结果及分析

11.4.1　浮游植物种类组成

两次浮游植物定性监测结果中,赤水河共检出浮游植物 5 门 55 种,其中硅藻门种类最多,检出 26 种,其次是绿藻门,检出 18 种,蓝藻检出 7 种,此三种门类占比超 90%,剩余门类为隐藻门 2 种,裸藻门 2 种。

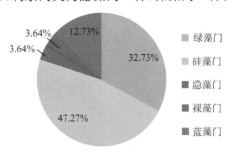

图 11.4-1　赤水河浮游植物定性年度分析结果

赤水河两次定性分析结果见图11.4-2、表11.4-1和表11.4-2,5月检出浮游植物5门31种,大部分是硅藻门的种类共21种,绿藻门检出7种,裸藻门、隐藻门、蓝藻门各检出1种。其中赤水河上游检出浮游植物3门20种,主要检测到的门类为硅藻门,检出15种;赤水河中游游检出浮游植物4门18种,主要检测到的门类为硅藻门,检出13种;赤水河河口检出浮游植物门类为硅藻和绿藻两门23种,主要检测到的门类为硅藻门,检出18种。10月检出浮游植物5门44种,同样占比较大的是硅藻门,硅藻检出20种,同时绿藻和蓝藻的种类明显增加,绿藻门检出15种,蓝藻门检出6种,隐藻门检出2种,裸藻门检出1种。其中赤水河上游检出浮游植物4门32种,主要检测到的门类为硅藻门,检出18种;赤水河中游游检出浮游植物4门29种,主要检测到的门类为硅藻门,检出18种;赤水河河口检出浮游植物5门27种,主要检测到的门类为硅藻门,检出15种。硅藻门直链藻、小环藻、舟形藻、脆杆藻、针杆藻、菱形藻、卵形藻等较为常见,全年监测河段基本均有检出。

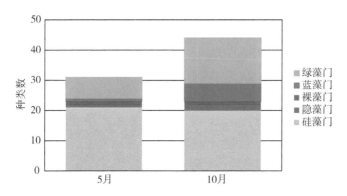

图 11.4-2　赤水河浮游植物定性分析结果

表 11.4-1　赤水河浮游植物种类统计表

门类	5月			10月		
	赤水河上游	赤水河中游	赤水河河口	赤水河上游	赤水河中游	赤水河河口
硅藻门	15	13	18	18	18	15
隐藻门	1	0	0	2	1	1
裸藻门	0	1	0	0	0	1
蓝藻门	0	1	0	4	5	3
绿藻门	4	3	5	8	5	7
合计	20	18	23	32	29	27

表 11.4-2 赤水河浮游植物定性统计表

门类	学名	5月			10月		
		赤水河上游	赤水河中游	赤水河河口	赤水河上游	赤水河中游	赤水河河口
蓝藻门	其他微囊藻				＋	＋	＋
蓝藻门	颤藻				＋	＋	＋
蓝藻门	席藻		＋				
蓝藻门	卷曲鱼腥藻				＋		
蓝藻门	假鱼腥藻				＋	＋	＋
蓝藻门	平裂藻					＋	
蓝藻门	螺旋藻						
硅藻门	颗粒直链藻		＋	＋	＋	＋	＋
硅藻门	颗粒直链藻螺旋变形	＋		＋	＋	＋	＋
硅藻门	变异直链藻	＋	＋	＋	＋	＋	＋
硅藻门	小环藻	＋	＋	＋	＋	＋	＋
硅藻门	冠盘藻	＋					
硅藻门	脆杆藻	＋	＋	＋	＋	＋	＋
硅藻门	克洛脆杆藻		＋	＋			
硅藻门	针杆藻					＋	＋
硅藻门	尖针杆藻	＋	＋	＋	＋	＋	＋
硅藻门	美丽星杆藻	＋					
硅藻门	舟形藻	＋	＋	＋	＋	＋	＋
硅藻门	桥弯藻		＋	＋	＋	＋	＋
硅藻门	异极藻	＋	＋	＋	＋	＋	＋
硅藻门	卵形藻	＋	＋	＋	＋	＋	＋
硅藻门	菱形藻	＋	＋		＋	＋	＋
硅藻门	类 S 菱形藻			＋	＋		＋
硅藻门	奇异菱形藻				＋	＋	＋
硅藻门	布纹藻	＋	＋	＋	＋		＋
硅藻门	波缘藻					＋	
硅藻门	普通等片藻	＋	＋	＋			
硅藻门	粗壮双菱藻			＋	＋	＋	＋

门类	学名	5 月			10 月		
		赤水河上游	赤水河中游	赤水河河口	赤水河上游	赤水河中游	赤水河河口
硅藻门	螺旋双菱藻	+		+			
硅藻门	茧形藻				+	+	+
硅藻门	马鞍藻	+		+	+	+	+
硅藻门	光滑侧链藻			+			
硅藻门	黄埔水链藻				+		
绿藻门	衣藻					+	
绿藻门	并联藻						+
绿藻门	栅藻	+			+		
绿藻门	弓形藻						+
绿藻门	集星藻						+
绿藻门	小空星藻			+			
绿藻门	丝藻				+	+	
绿藻门	珍珠柱形鼓藻						+
绿藻门	空球藻						+
绿藻门	锐新月藻				+	+	
绿藻门	单角盘星藻						+
绿藻门	单角盘星藻具孔变种	+		+	+		+
绿藻门	双射盘星藻				+		
绿藻门	转板藻		+	+	+		
绿藻门	单针藻	+	+	+			
绿藻门	水网藻		+				
绿藻门	毛枝藻	+		+	+	+	
绿藻门	水绵				+		
隐藻门	尖尾蓝隐藻				+		+
隐藻门	卵形隐藻	+			+	+	
裸藻门	梭形裸藻						+
裸藻门	扁裸藻		+				
种类数合计		20	18	23	32	29	27

11.4.2 浮游植物种群结构

赤水河两次测得浮游植物密度统计如图 11.4-3 所示,5 月和 10 月浮游植物密度均值分别为 $4.80×10^4$ cells/L 和 $8.30×10^4$ cells/L,10 月较 5 月稍高。赤水河上游 5 月浮游植物密度为 $4.28×10^4$ cells/L,10 月浮游植物密度为 $1.35×10^5$ cells/L;赤水河中游 5 月浮游植物密度为 $4.48×10^4$ cells/L,10 月浮游植物密度为 $3.50×10^4$ cells/L;赤水河河口 5 月浮游植物密度为 $5.64×10^4$ cells/L,10 月浮游植物密度为 $7.90×10^4$ cells/L。

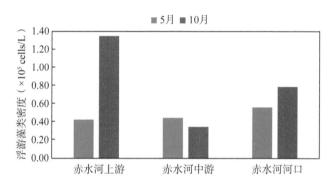

图 11.4-3 赤水河浮游藻类密度

赤水河相对丰度如图 11.4-4 所示,5 月份,赤水河硅藻门占据绝对优势,占比超过 87%,优势种均为硅藻门变异直链藻,藻类密度含量在 $1.16×10^4 \sim 1.74×10^4$ cells/L,占比达到总藻密度的 27.10%～36.61%。10 月份,赤水河蓝藻门藻类密度明显升高,赤水河上游蓝藻门取代硅藻门占据更大优势,

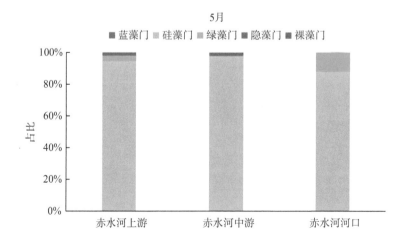

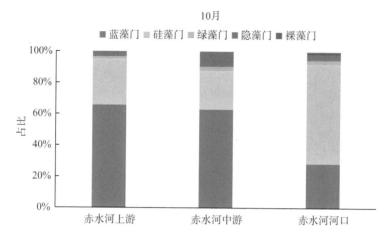

图 11.4-4　赤水河浮游藻类相对丰度

占比 65.68%,优势种为蓝藻门假鱼腥藻,藻类密度达到 7.77×10^4 cells/L,占比达到总藻密度的 57.53%;赤水河中游蓝藻门占据更大优势,占比 62.86%,优势种为蓝藻门假鱼腥藻和颤藻,藻类密度达到 1.10×10^4 cells/L,各占总藻密度的 31.43%;赤水河河口仍是硅藻门占据较大优势,占比 63.71%,硅藻门占比更大,但河口优势种为蓝藻门颤藻,藻类密度达到 2.23×10^4 cells/L,占比达到总藻密度的 28.27%。

11.4.3　多样性指数计算评价赋分

采用 Shannon-Wiener 多样性指数对赤水河水生态状况进行评估,结果见图 11.4-5。

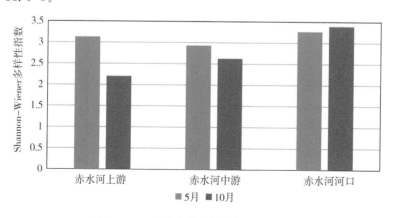

图 11.4-5　浮游藻类多样性指数计数结果

5月,赤水河上、中、下游藻类多样性状况较为平均,上、中、下游各断面的Shannon-Wiener 多样性指数较高,均在 3.0 左右,表明该区域的物种较为丰富,各种类藻类密度较为平衡,主要优势门类为硅藻门,优势物种均为变异直链藻。10月与 5 月相比,河口区域 Shannon-Wiener 多样性指数基本持平,中上游略有下降,主要优势门类变为蓝藻门,优势物种为假鱼腥藻和颤藻,但总体来说仍旧保持在较高的区间,多样性水平较高。

根据前述表 5.2-1 浮游植物 Shannon-Wiener 多样性指数评估赋分表,对赤水河各断面进行多样性指数评估赋分,结果如图 11.4-6 所示。

可见,赤水河各断面 5 月的多样性指数赋分,处于 58～65,均值 62.2;10月赋分为 44～67,均值 54.9。总体状况中等较好状态。说明监测期间,赤水河多样性状况处于中等较好状态。

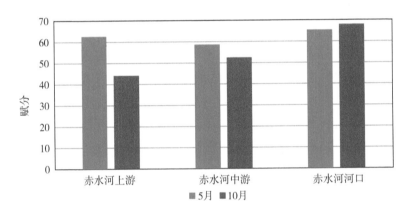

图 11.4-6 浮游藻类多样性指数赋分结果

11.5 小结

总的来说,本次调研的赤水河水域上下游藻类分布较为均衡,且多样性处于较高水平。从定性结果来看,其浮游植物门类大部分是硅藻门,与对大部分河流的观测相一致,硅藻对于河流植物群落的贡献率较高。从藻类定量结果来看,5月份赤水河水域藻类优势种为变异直链藻,但其优势度不高,其他种类硅藻同样占据较大优势,水体较为健康,水体内的浮游植物对环境风险抵抗能力相对较高。10月份赤水河水域藻类优势种为蓝藻门颤藻和假鱼腥藻,蓝藻易产生水华,但此次检出的颤藻和假鱼腥藻藻细胞较小,通常以种群形态出现,故而数量较多,尽管其在数量计数占据优势,但严格按照生物量进行评估,其优势有限,总体来说并无出现水华的风险。

　　根据 2022 年度对赤水河进行的试点监测结果,赤水河水域水生态状况良好,多样性丰富,浮游植物群落结构较为健康。此次对赤水河进行的试点监测,监测频次较低,监测点位较少,仅能在一定程度上反映赤水河水域的水生态状态,要想对赤水河水生态状况进行更为全面、准确的评估,还需更系统和持续性的监测。

第12章

酉水河(重庆段)监测实践

12.1 区域概况

酉水河流域地处湖南、重庆和湖北2省1市交界处,流域东接沅水干流,西以大娄山与乌江相隔,南与武水相邻,北以武陵山与澧水相隔,流域形状呈西北高、东南低的三角形,是沅江的最大支流,分南北两源,主流北源又称北河,发源于湖北省宣恩与鹤峰两县交界之西源山,穿行于鄂、渝、湘三省(市)边境,属典型的省际边界河流。南源又称秀山河、梅江河,发源于贵州省松桃县,酉水河流经湖北省来凤县、城东、漫水、百福司镇,入重庆市酉阳县境;过五福镇、大溪镇、可大乡、酉酬镇、西水河镇,入秀山县境;过大溪乡、石堤镇,出重庆市境;入湖北省保靖县境,于湖北省沅陵县城张飞庙,汇入沅江。酉水河干流全长477 km,流域总面积18 530 km²,总落差469.35 m,河床平均比降1.05‰。酉水流域属亚热带季风气候区,冬季受极地大陆气团控制,冷空气频繁南下,形成雨雪,气候干燥寒冷;夏季则为海洋暖湿气团控制,温高湿重。多年平均气温16.5℃,变幅为15.9~17.3℃,极端最低气温-8.5℃,极端最高气温39.6℃。多年平均日照时数1 231.4 h,多年平均水面蒸发量1 191.1 mm,多年平均陆面蒸发量为465.6 mm,多年平均最大风速14.0 m/s。

12.2 监测概况

12.2.1 断面设置

监测断面分布于整个西水河(重庆段)的干支流,包括风洞口、老寨小学、大溪镇、福山腾、五板船、江西村、枫岩坝、酉酬、大江溪、河湾村、大溪乡、王家码头、石堤镇、徐坪 14 个断面。各监测断面的点位信息及分布示意图如图 12.2-1 所示,采样现场见图 12.2-2。

图 12.2-1 酉水河(重庆段)水质监测断面分布示意图

图 12.2-2　酉水河采样现场

12.2.2　监测技术方法

浮游植物分析包括定性分析和定量分析。采样及分析方法参考标准《内陆水域浮游植物监测技术规程》(SL 733—2016),浮游植物鉴定参考《中国淡水藻类——系统、分类及生态》。

12.2.3　评价赋分表

根据实际情况,酉水河(重庆段)浮游植物密度指标评价选用直接评判赋分法。无参考点时,浮游植物密度赋分标准见表 12.2-1,表中未列出的值,采用线性插值法计算赋分值。

表 12.2-1　浮游植物密度赋分标准表

浮游植物密度(万个/L)	≤40	200	500	1 000	≥5 000
赋分	100	60	40	30	0

12.3　水质概况

水生生物监测过程中同时对酉水河水质状况进行采样监测,结果见表 12.3-1。从结果来看,监测断面水质状况都达到Ⅱ类水质要求,水质总体情况较好。

表 12.3-1　酉水河水质结果监测表

序号	断面名称	水质类别
1	风洞口	Ⅱ类
2	老寨小学	Ⅰ类
3	大溪镇	Ⅱ类
4	五板船	Ⅰ类

续表

序号	断面名称	水质类别
5	江西村	I 类
6	酉酬	I 类
7	河湾村	I 类
8	大溪乡	I 类
9	王家码头	I 类
10	徐坪	II 类
11	福山腾	II 类
12	枫岩坝	II 类
13	大江溪	I 类
14	石堤镇	II 类

12.4　浮游植物状况

12.4.1　浮游植物种类组成

监测期间,酉水河共检出浮游植物 47 种,其中硅藻最多,19 种,占比 40%;绿藻门 16 种,占比 34.0%;蓝藻门 6 种,占比 12.8%;甲藻门 3 种,占比 6.4%;隐藻门 2 种,占比 4.3%;金藻门 1 种,占比 2.1%。详见表 12.4-1 和图 12.4-1。

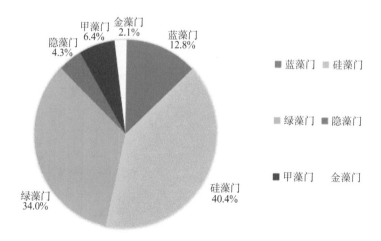

图 12.4-1　酉水河流域浮游植物定性结果

表 12.4-1　酉水河水域浮游植物监测结果表

水域	门类	种类数	占比(%)
酉水河	蓝藻门	6	12.8
	硅藻门	19	40.4
	绿藻门	16	34.0
	隐藻门	2	4.3
	甲藻门	3	6.4
	金藻门	1	2.1
	合计	47	100

12.4.2　常见种

将监测期间各断面中出现频次较高的作为常见种。酉水河常见种最多的为硅藻门、绿藻门和蓝藻门的种类。详见表 12.4-2。

表 12.4-2　酉水河常见种名录

水域	门类	种属
酉水河流域	蓝藻门	微囊藻
	蓝藻门	颤藻
	蓝藻门	平裂藻
	蓝藻门	假鱼腥藻
	蓝藻门	束丝藻
	硅藻门	颗粒直链藻
	硅藻门	变异直链藻
	硅藻门	小环藻
	硅藻门	脆杆藻
	硅藻门	克洛脆杆藻
	硅藻门	尖针杆藻
	硅藻门	针杆藻
	硅藻门	舟形藻
	硅藻门	桥弯藻
	硅藻门	异极藻
	硅藻门	菱形藻
	硅藻门	布纹藻
	硅藻门	粗壮双菱藻
	硅藻门	卵形藻

续表

水域	门类	种属
酉水河流域	硅藻门	美丽星杆藻
	硅藻门	类 S 菱形藻
	硅藻门	黄埔水链藻
	硅藻门	光滑侧链藻
	硅藻门	等片藻
	绿藻门	衣藻
	绿藻门	栅藻
	绿藻门	集星藻
	绿藻门	空球藻
	绿藻门	转板藻
	绿藻门	双星藻
	绿藻门	单角盘星藻具孔变种
	绿藻门	二角盘星藻
	绿藻门	水绵
	绿藻门	纤细新月藻
	绿藻门	锐新月藻
	绿藻门	丝藻
	绿藻门	水网藻
	绿藻门	鞘藻
	隐藻门	卵形隐藻
	隐藻门	尖尾蓝隐藻
	甲藻门	角甲藻
	甲藻门	拟多甲藻
	金藻门	锥囊藻

12.4.3　藻细胞密度

如图 12.4-2 和图 12.4-3,所示酉水河各断面浮游藻类密度数量为 $10^2 \sim 10^7$ cells/L,其中断面河湾村蓝藻数量达到 10^7 cells/L,主要优势种群为束丝藻,藻类密度为 1.37×10^7 cells/L,有暴发水华的潜在风险。

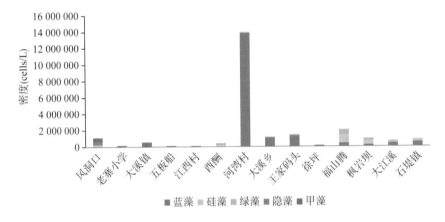

图 12.4-2　酉水河浮游植物藻类密度分布情况

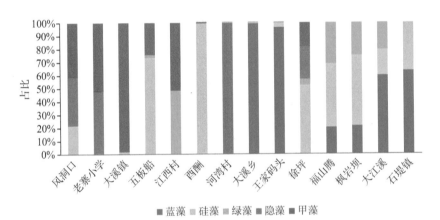

图 12.4-3　酉水河浮游植物藻类密度分布情况

12.4.4　浮游植物赋分

对酉水河(重庆段)14 个断面浮游植物定性及定量监测,得到酉水河(重庆段)各断面具体浮游植物密度,参照浮游植物密度赋分标准表进行直接赋分,并根据断面在本区段中控制长度对各区段以及河流进行加权赋分,如图 12.4-4 和表 12.4-3 所示。由此可知,酉水河(重庆段)大部分断面赋分在 75 以上,赋分 60 及以上断面达 85%,酉水河(重庆段)浮游植物密度赋分为 81.0,健康状况为健康。由各断面浮游植物密度赋分可以看出,河流总体赋分较高,但存在个别断面赋分较低的情况,位于酉阳土家族苗族自治县的福山腾和酉阳土家族苗族自治县牯子山庄的河湾村两个断面浮游植物密度明显较大,尤其是河湾村断面,实际监测过程中发现蓝藻大量繁殖的情况(镜检照片如图 12.4-5 所示），存在水华风险，后续还需对相关断面加强管理，持续监测，避免相应情况恶化对河流健康产生更大影响。

表 12.4-3 酉水河（重庆段）浮游植物密度赋分

河段	样点名称	藻细胞密度（万个/L）	赋分	控制长度（km）	权重	河段年度赋分	区段占本河流权重	总河段赋分
上段	风洞口	103.6	60	6	0.664 4	73.4	0.11	
	老寨小学	7.7	100	3	0.335 6			
中段	大溪镇	56.8	75	10.9	0.225 4	86.2	0.61	81.0
	福山腾	204.8	40	0.1	0.001 5			
	五板船	2.7	100	18.6	0.382 6			
	江西村	1.2	100	3.3	0.068 8			
	枫岩坝	96.6	75	5.7	0.117 7			
	酉酬	28.4	100	3.7	0.076 5			
	大江溪	69.6	75	4.1	0.084 2			
	河湾村	1 387	30	2.1	0.043 4			
下段	大溪乡	108.8	60	7	0.317 7	72.8	0.28	
	王家码头	137	60	6	0.273 0			
	石堤镇	88.4	75	3.2	0.143 9			
	徐坪	5.1	100	5.8	0.265 5			

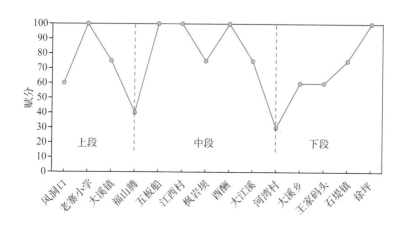

图 12.4-4 酉水河（重庆段）各断面浮游植物赋分

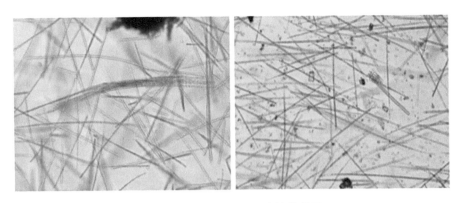

图 12.4-5　河湾村断面水体藻类图

12.5　小结

西水河流域共检出浮游植物 5 门 47 种,其中硅藻门最多 19 种,金藻门最少 1 种。浮游植物藻类密度数量为 $10^2 \sim 10^7$ cells/L。含量最多为蓝藻,数量级达到 10^7 cells/L,优势种属为束丝藻。监测断面在酉阳县河湾村,存在水华风险。建议后期对河湾村段加强跟踪管理,加强干支流水质和水生态监测,及时掌握河流沿线水质污染状况,避免相应情况恶化对河流健康和舆情产生不良影响。

第13章

泸沽湖监测实践

13.1 区域概况

泸沽湖位于四川、云南两省交界处,由四川省凉山彝族自治州盐源县和云南省宁蒗县共辖,东距盐源县城 118 km,南距宁蒗县城 72 km。泸沽湖是国家 4A 级旅游景区、国家水利风景区、国家级风景名胜区,泸沽湖湿地为州级湿地自然保护区。

泸沽湖流域地处西南季风气候区域,属低纬高原季风气候区,具有暖温带山地季风气候的特点。光照充足,冬暖夏凉,降水适中,由于湖水的调节功能,年温差较小。境内地形复杂,群山连绵起伏,呈现出明显的立体气候特点,气温随海拔升高而降低。区内干湿季分明,6 月至 10 月为雨季,11 月至次年 5 月为旱季,1 月至 2 月有少量雨雪,旱季降水占全年降水量的 11%,年相对湿度 70%。湖水温度为 10.0~21.4℃,是一个永不冻结的湖泊。常年平均气温 12.8℃,1 月平均气温 6.3℃,7 月平均气温 19.1℃,极端最高气温 30.0℃,极端最低气温−8℃。区域内光能资源丰富,多年平均年日照时数为 2 260 小时,日照率 57%,全年有近十个月的时间蓝天如洗,丽日高照,风和气爽。

泸沽湖位于川、滇两省交界处,属长江流域雅砻江水系,四川省内主要涉及凉山州盐源县泸沽湖镇。泸沽湖湖泊蓄水容量 22.52 亿 m³,四川省内集雨面积 156.1 km²,水域面积 31.2 km²,泸沽湖湖水经东侧草海进入左所河,后依次汇入前所河、卧罗河、理塘河,最终汇入雅砻江。

泸沽湖湖水主要靠雨水和泉水补给,平均水深 38.96 m,最大水深 93.5 m。

泸沽湖四川境内入湖河流中常流河流有 4 条,分别为舍垮弯子河、直普河、母古落河和达祖河。

泸沽湖湖区水域范围内无水电工程,湖区出水口处有一海门桥电站,为径流引水式电站,电站装机容量 820 kW。

泸沽湖湖水主要靠雨水和泉水补给,湖水库容量为 22.52 亿 m³,省内集雨面积为 156.1 km²。泸沽湖来水受海门桥闸门开启与关闭的影响,泸沽湖年平均来水量为 1.39 m³/s,多年径流量为 0.44 亿 m³。泸沽湖湖区范围内无取水口,流域内在直普村白草坪设置 1#、2# 溶洞水取水口 2 处,均用作直普自来水厂集中饮用水供水,供水范围为泸沽湖镇及部分村落,审批取水量 6.11 万 m³,实际年取水量约 6.9 万 m³。

13.2 监测概况

2022 年度 5 月和 10 月,在泸沽湖区域共开展了 2 次水生态试点监测工作。

13.2.1 监测指标

水质指标:水温、电导率、溶解氧、pH 值、总氮、氨氮、总磷、高锰酸盐指数、透明度。

水生态指标:叶绿素 a、浮游植物定性、浮游植物定量等。

13.2.2 监测点位

两次试点监测分别在湖心和泸沽河出口设立两个监测点位,基本信息见表 13.2-1,示意图见图 13.2-1。

表 13.2-1 监测点基本信息表

水域	监测断面编号	断面名称	监测点地址
泸沽湖	LGH-1	泸沽湖湖心	凉山州盐源县泸沽湖镇木垮村
	LGH-2	泸沽湖出口	凉山州盐源县泸沽湖镇山南村

采用船只采样,现场测定气温、水温、溶解氧、pH 值、透明度、叶绿素 a 等参数,总氮、总磷、高锰酸盐指数等参数现场采集水样后,带回实验室分析。水生态样品,用相应的固定剂保存后带回实验室分析,浮游植物用鲁哥试剂固定,样品带回实验室后,尽快分析(图 13.2-2)。

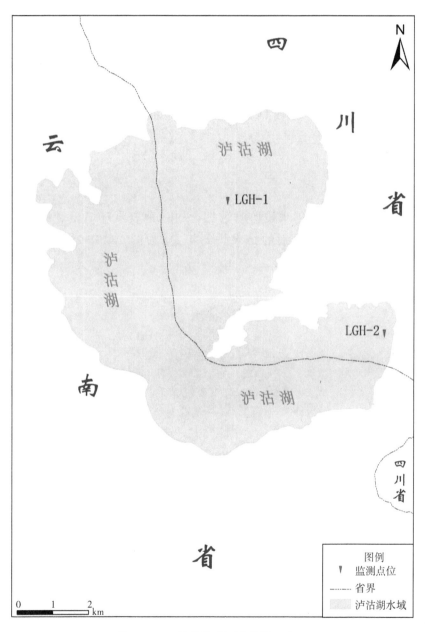

图 13.2-1　泸沽湖监测点位置示意图

图 13.2-2　泸沽湖现场采样

13.3　水质状况

根据泸沽湖近四年水质监测数据,采用《地表水环境质量标准》(GB 3838—2002),对水质类别的结果进行汇总,如图 13.3-1 和图 13.3-2 所示。

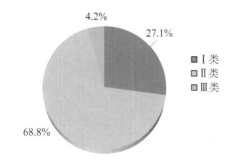

图 13.3-1　泸沽湖 2019—2022 年水质类别总体情况

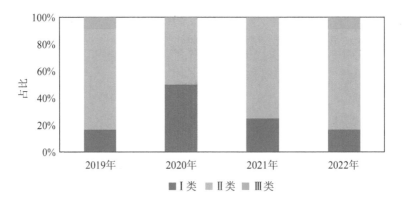

图 13.3-2　泸沽湖不同年份水质类别总体状况

由图可见,泸沽湖 2019—2022 年水质状况均比较好,2020—2021 年水质类别达到了Ⅱ类标准,四年均满足Ⅲ类标准,Ⅱ类达标率超过 90%。

此次水生态试点同步水质监测结果见表 13.3-1,与历年监测泸沽湖平均水平相符,5 月水质评价类别为Ⅱ类,10 月监测结果优于 5 月,达到Ⅰ类。按照《地表水资源质量评价技术规程》(SL 395—2007)进行水体富营养化程度评价,泸沽湖两次监测均为中营养。

表 13.3-1 四川省水生态试点两次监测水质统计状况

序号	月份	断面名称	水质评价类别	营养状态分级
1	5 月	泸沽湖	Ⅱ类	中营养
2	10 月	泸沽湖	Ⅰ类	中营养

13.4 浮游植物监测结果及分析

13.4.1 浮游植物种类组成

如图 13.4-1 所示,两次浮游植物监测结果,泸沽湖共检出浮游植物 6 门 45 种,其中绿藻、硅藻种类较多,绿藻检出 20 种、硅藻检出 17 种,两种门类占比达 80%,剩余门类为甲藻门 3 种、隐藻门 2 种、蓝藻门 2 种、金藻门 1 种。

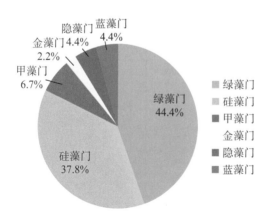

图 13.4-1 泸沽湖浮游植物定性年度分析结果

泸沽湖两次定性分析结果见图 13.4-2 和表 13.4-1,5 月检出浮游植物 6 门 28 种,大部分检出的是绿藻门、硅藻门的种类,绿藻门检出 10 种,硅藻门检出 13 种,甲藻门检出 2 种,金藻门检出 1 种,隐藻门检出 1 种,蓝藻门检出

1 种。10 月检出浮游植物 6 门 37 种,同样占比较大的是绿藻门和硅藻门,但 10 月绿藻门种类较丰富,达 18 种,硅藻门检出 12 种,甲藻门检出 2 种,金藻门检出 1 种,隐藻门检出 2 种,蓝藻门检出 2 种。

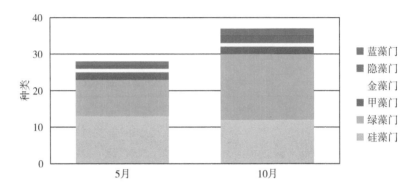

图 13.4-2 泸沽湖浮游植物定性分析结果

表 13.4-1 泸沽湖浮游植物定性统计表

门类	学名	5 月	10 月
蓝藻门	颤藻		+
蓝藻门	席藻	+	+
硅藻门	颗粒直链藻	+	+
硅藻门	变异直链藻		+
硅藻门	小环藻	+	+
硅藻门	脆杆藻	+	
硅藻门	克洛脆杆藻	+	
硅藻门	针杆藻	+	
硅藻门	尖针杆藻	+	+
硅藻门	美丽星杆藻	+	+
硅藻门	舟形藻	+	+
硅藻门	窗纹藻	+	
硅藻门	桥弯藻	+	+
硅藻门	异极藻	+	
硅藻门	菱形藻	+	+
硅藻门	普通等片藻	+	
硅藻门	粗壮双菱藻		+

门类	学名	5 月	10 月
硅藻门	马鞍藻		+
硅藻门	光滑侧链藻		+
绿藻门	衣藻	+	+
绿藻门	微小四角藻		+
绿藻门	卵囊藻	+	+
绿藻门	栅藻		+
绿藻门	顶棘藻		+
绿藻门	丝藻	+	+
绿藻门	鼓藻		+
绿藻门	空球藻	+	+
绿藻门	实球藻	+	+
绿藻门	纤细角星鼓藻	+	+
绿藻门	新月藻		+
绿藻门	针状新月藻	+	+
绿藻门	单角盘星藻具孔变种		+
绿藻门	二角盘星藻	+	
绿藻门	双射盘星藻		+
绿藻门	短棘盘星藻	+	
绿藻门	转板藻	+	+
绿藻门	毛枝藻		+
绿藻门	水绵		+
绿藻门	鞘藻		+
隐藻门	尖尾蓝隐藻	+	+
隐藻门	卵形隐藻		+
甲藻门	多甲藻	+	
甲藻门	拟多甲藻		+
甲藻门	飞燕角甲藻	+	+
金藻门	锥囊藻	+	+
种类数合计		28	37

由于泸沽湖主要补水为雨水和高海拔山区泉水,且 10 月份以后排流量甚小,每年 1—5 月湖水基本没有外泄,其藻类种类数量不多,且都以硅藻和绿藻这样的常见藻类为主。在 5 月和 10 月的两次监测中,蓝藻门中只有席藻两次都被检出。而在全年检出的 17 种硅藻中,包括颗粒直链藻、小环藻、克洛脆杆藻、尖针杆藻、美丽星杆藻、舟形藻、桥弯藻、菱形藻 8 种硅藻被两次检出。而在全年检出的 20 种绿藻中,有衣藻、卵囊藻、丝藻、空球藻、实球藻、纤细角星鼓藻、针状新月藻、转板藻 8 种绿藻被两次检出。

根据监测结果,整个泸沽湖水体连通性较好,5 月和 10 月的两次浮游植物监测,在泸沽湖湖心和泸沽湖出口,浮游植物门类分布和数量均差距不大,10 月份泸沽湖出口种类略多于湖心(表 13.4-2)。

表 13.4-2　泸沽湖浮游植物种类统计表

门类	5 月		10 月	
	泸沽湖湖心	泸沽湖出口	泸沽湖湖心	泸沽湖出口
硅藻门	10	9	8	8
甲藻门	2	2	2	2
金藻门	1	1	1	1
隐藻门	1	1	1	2
裸藻门	0	0	0	0
蓝藻门	1	0	2	1
绿藻门	7	9	11	14
合计	22	22	25	28

13.4.2　浮游植物种群结构及多样性

泸沽湖两次测得浮游植物密度统计如图 13.4-3 所示,5 月和 10 月浮游植物密度均值分别为 3.02×10^4 cells/L 和 9.55×10^4 cells/L,10 月明显高于 5 月。泸沽湖湖心 5 月浮游植物密度为 2.16×10^4 cells/L,10 月浮游植物密度为 6.32×10^4 cells/L。泸沽湖出口 5 月浮游植物密度为 3.88×10^4 cells/L,10 月浮游植物密度为 1.28×10^5 cells/L。可以看出,泸沽湖出口相较湖心藻类密度更高,且 10 月泸沽湖出口藻细胞密度比湖心高出了 97.8%。在全年中,泸沽湖北部表层水温均比南部低。泸沽湖出口处于库区南端的下游库湾位置,水道宽度逐渐变窄,其水体环境相比北部湖心位置更加适合藻类生长,使得出口处藻细胞密度在全年不同月份都相比湖心更高。

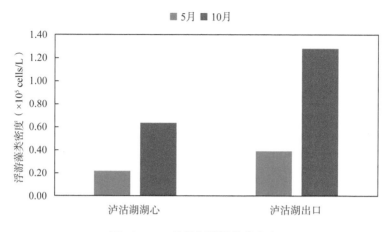

图 13.4-3　泸沽湖浮游藻类密度

泸沽湖相对丰度如图 13.4-4 所示,5 月份,泸沽湖湖心绿藻门占据较大优势,占比 70.4%,其中优势种为转板藻,藻类密度达到 $1.28×10^4$ cells/L,在总藻细胞密度中占比达到 59.26%;泸沽湖出口硅藻门占据较大优势,占比 69.1%,其中优势种为克洛脆杆藻,藻类密度达到 $2.16×10^4$ cells/L,占比达到 55.67%。10 月份,硅藻门在泸沽湖水域两个点位均占据主要优势,占比分别为 72.15% 和 54.46%,其优势种均为克洛脆杆藻,在泸沽湖湖心断面洛脆杆藻类密度达到 $4.08×10^4$ cells/L,占比为 64.56%;泸沽湖出口断面克洛脆杆藻类密度达到 $4.20×10^4$ cells/L,占比为 32.86%。

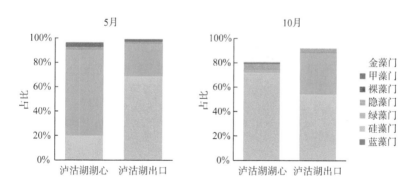

图 13.4-4　泸沽湖浮游藻类相对丰度

由此可以看出,5 月份湖心位置绿藻占据优势地位,而到了 10 月份则几乎忽略不计,取而代之的是硅藻,金藻的占比也大量增加;反而是出口位置 10 月的绿藻相比 5 月在相对丰度上有所增加。

13.4.3 多样性指数计算评价赋分

根据前述表 5.2-1,对泸沽湖各断面进行多样性指数评估赋分。多样性指数结果如图 13.4-5 所示,多样性指数赋分结果如图 13.4-6 所示。

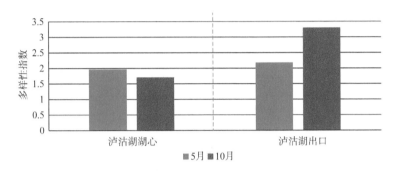

图 13.4-5 泸沽湖浮游藻类多样性指数计算结果

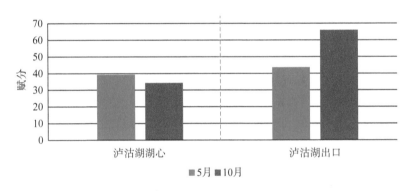

图 13.4-6 泸沽湖浮游藻类多样性指数赋分结果

可见,泸沽湖各断面 5 月的多样性指数赋分,处于 39～44,均值 41.5;10 月赋分为 34～66,均值 50.1。同时,泸沽湖出口位置的多样性指标都要显著大于湖心位置。总体状况浮游植物多样性较低。这与泸沽湖较低的营养物含量相匹配。

13.4.4 水华风险分析

根据水华分级标准,通过浮游植物密度评价水华程度。评价结果见表 13.4-3。由此可见,2022 年 5 月份和 10 月份,泸沽湖各断面均无水华情况。

表 13.4-3　泸沽湖水华风险分析

河(湖)名称	样点	调查时间	水华等级
泸沽湖	泸沽湖湖心	2022 年 5 月	无水华
泸沽湖	泸沽湖出口	2022 年 5 月	无水华
泸沽湖	泸沽湖湖心	2022 年 10 月	无水华
泸沽湖	泸沽湖出口	2022 年 10 月	无水华

13.5　小结

　　总体而言,泸沽湖由于其水量充沛,补水来源不复杂且水质优良,富营养化程度很低,浮游植物难以大规模繁殖,水华风险较小。但也需注意到整个湖区范围内,水生态环境并不相同,不同区域藻类繁殖情况不一致,且在 6—10 月的丰水期和 11 月到来年 5 月的枯水期,由于水位的涨落是否会带来湖区不同区域水环境的改变,还需后续进一步监测调查和研究。

第14章

邛海监测实践

14.1 区域概况

邛海是四川省第二大淡水湖泊,位于凉山彝族自治州西昌市东南,距离西昌城区约 3 km。邛海流域地处我国西南亚热带高原山区,即青藏高原东南之缘,横断山纵谷区,处于印度洋西南季风暖湿气流北上的通道上,流域跨凉山州西昌、昭觉、喜德三市(县),其中西昌市所辖的范围占流域面积的 70%。

邛海流域地处我国西南亚热带高原山区,即青藏高原东南缘,横断山纵谷区,处于印度洋西南季风暖湿气流北上的通道上,具有冬暖夏凉、四季如春,雨量充沛、降雨集中,日照充足、光热资源丰富等特点。

邛海属长江流域,雅砻江水系,湖面呈"L"形,南北长 11.5 km,东西最宽 5.5 km,湖周长 37.4 km,2012 年邛海湖面面积 30 km²。邛海正常蓄水位海拔 1 510.3 m,平均水深 10.95 m,最大水深 18.32 m,储水量 3.2 亿 m³,湖面多年平均年降水深 989 mm,多年平均湖面降水量 2 650×10⁴ m³,湖泊补给系数 9.97,湖水滞留时间约 834 天。邛海水下地形周边坡度变化较大,水底平缓,东北方向地形较为复杂。邛海周边共有大小河流 10 余条,水体环流多且速度快。

邛海汇水河流北有干沟河(含高仓河),东有官坝河,南有鹅掌河,次一级的河流有小箐河、踏沟河、龙沟河等。以上河流汇入邛海后,由海河排泄,海河自邛海西北角流出后,在西昌城东和城西纳入东河、西河后转向西南注入安宁河。流域内支沟、冲沟密布,长度大于 1 km 的支沟众多,水系密度达

0.68 条/km²。官坝河、鹅掌河、干沟河和大沟河为一年四季长流水河流,其余河流均为季节性河流,雨季产流旱季基本断流。

邛海流域列入水利统计报表的小(2)型水库有 2 座,即位于高枧乡陈所的高仓河小水水库和大板桥水库,总库容 36 万 m³,其中兴利库容 28 万 m³,防洪库容 6 万 m³;多年平均来水量 154 万 m³,设计灌溉面积 0.11 万亩,有效灌溉面积 0.08 万亩,年供水总量 47 万 m³,均用于农田灌溉。

邛海流域多年平均年降水深为 1 040 mm,多年平均降水量为 3.14 亿 m³。流域水资源总量为 7.216 亿 m³,地表水径流深为 362 mm,径流量为 1.226 亿 m³,外来调入水量为 2.950 亿 m³,邛海蓄水量为 2.930 亿 m³,地下水量为 0.110 亿 m³,地下水占径流比 9%。

14.2　监测概况

2023 年 6 月和 10 月,在邛海区域开展了 2 次水生态试点监测工作。

14.2.1　监测指标

水质指标:水温、电导率、溶解氧、pH 值、总氮、氨氮、总磷、高锰酸盐指数、透明度。

水生态指标:叶绿素 a、浮游植物定性、浮游植物定量等。

14.2.2　监测点位

两次试点监测分别在邛海出口、邛海湖心和邛海湖尾设立三个监测点位,其监测点信息见表 14.2-1,断面位置示意图见图 14.2-1。

表 14.2-1　监测点位信息

水域	监测点	监测点地址
邛海	邛海 1(出口)	凉山州西昌市西郊乡李家铺子村
	邛海 2(湖心)	凉山州西昌市西郊乡大渔村
	邛海 3(湖尾)	凉山州西昌市西郊乡民主村

采用船只采样的方式现场测定气温、水温、溶解氧、pH 值、透明度、叶绿素 a 等参数,总氮、总磷、高锰酸盐指数等参数现场采集水样后,带回实验室分析。水生态样品,用相应的固定剂保存后带回实验室分析,浮游植物用鲁哥试剂固定,样品带回实验室后,尽快分析(图 14.2-2)。

图 14.2-1 邛海监测点位置示意图

图 14.2-2　邛海现场采样

14.3　水质状况

　　根据 2019—2023 年邛海的水质监测数据,采用《地表水环境质量标准》(GB 3838—2002)进行水质类别评价,并将五年的结果进行汇总统计,得到图 14.3-1。可见,邛海 2019—2023 年Ⅰ～Ⅲ类水占比在 90％以上,水质总体状况为优。

　　2019—2023 年各年的具体情况见图 14.3-2。可见,2019—2021 年,水质均满足Ⅲ类标准,2022 年邛海有Ⅳ水出现,Ⅰ类水占比有所降低,水质稍差于 2019—2021 年;而 2023 年,邛海有Ⅴ类水出现,Ⅰ～Ⅱ类水占比下降,Ⅲ类水占比上升。从总体趋势上看,邛海水质总体处于优级,但有变差的风险,需要进一步跟踪观察。

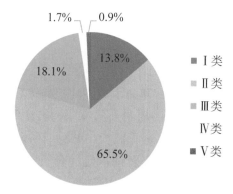

图 14.3-1　邛海 2019—2023 年水质类别总体情况

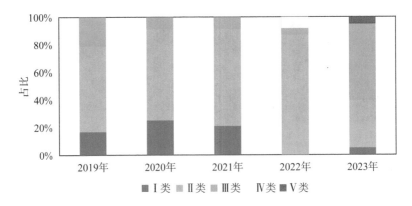

图 14.3-2　邛海 2019—2023 年水质类别总体情况

此次水生态试点同步水质监测结果如表 14.3-1 所示,与历年监测邛海平均水平相符,6 月水质评价类别为 Ⅱ 类,10 月水质评价类别为 Ⅲ 类。

按照《地表水资源质量评价技术规程》(SL 395—2007)进行水体富营养化程度评价,邛海两次监测均为中营养。

表 14.3-1　水生态试点同步监测水质统计状况

断面名称	6 月水质评价类别	10 月水质评价类别	富营养化指数		
			6 月	10 月	均值
邛海	Ⅱ 类	Ⅲ 类	33.26	36.66	34.96
			中营养	中营养	中营养

14.4　浮游植物监测结果及分析

14.4.1　浮游植物定性

根据 2023 年两次监测结果,邛海水域浮游植物定性结果各门类占比如图 14.4-1 所示,邛海共检出浮游植物 6 门 42 种,其中绿藻门种类较多,占比达 54.8%,绿藻门检出 23 种、硅藻门检出 9 种、蓝藻门检出 6 种、甲藻门 1 种、隐藻门 2 种、裸藻门 1 种。邛海两次定性分析结果见图 14.4-2 和表 14.4-1。

6 月邛海 1(出口)检出浮游植物 5 门 19 种,大部分检出的是绿藻门、硅藻门和蓝藻门的种类,绿藻门检出 9 种,硅藻门检出 5 种,蓝藻门检出 3 种;邛海 2(湖心)检出浮游植物 5 门 16 种,主要检测到的门类为绿藻门、硅藻门、蓝藻门的种类,绿藻门检出 9 种,硅藻检出 3 种,蓝藻检出 2 种;邛海 3(湖尾)检出浮游植物 4 门 16 种,主要检测到的门类为绿藻门,检出 10 种。

10 月邛海 1(出口)检出浮游植物 6 门 24 种,大部分检出的是绿藻门和硅藻门的种类,其次是蓝藻门,绿藻门检出 12 种,硅藻门检出 5 种,蓝藻门检出 3 种;邛海 2(湖心)检出浮游植物 5 门 21 种,主要检测到的门类为绿藻门、硅藻门、隐藻门的种类,绿藻门检出 13 种,其次是硅藻门检出 4 种、隐藻门检出 2 种;邛海 3(湖尾)检出浮游植物 5 门 26 种,主要检测到的门类为绿藻门 15 种,硅藻门 6 种,蓝藻门和隐藻门分别 2 种。

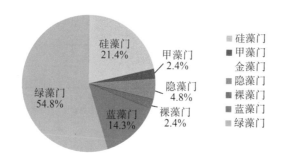

图 14.4-1　邛海浮游植物定性年度分析结果

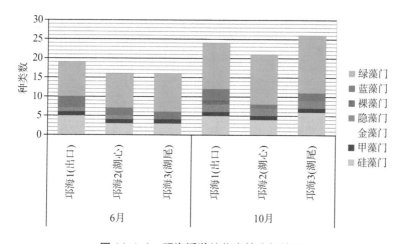

图 14.4-2　邛海浮游植物定性分析结果

表 14.4-1　邛海浮游植物定性统计表

| 门类 | 学名 | 6月 | | | 10月 | | |
		邛海1（出口）	邛海2（湖心）	邛海3（湖尾）	邛海1（出口）	邛海2（湖心）	邛海3（湖尾）
蓝藻门	微囊藻	+	+	+	+	+	+
蓝藻门	惠氏微囊藻						+
蓝藻门	卷曲鱼腥藻	+	+	+			
蓝藻门	假鱼腥藻				+		
蓝藻门	平裂藻	+					
蓝藻门	螺旋藻				+		
硅藻门	颗粒直链藻	+			+	+	+
硅藻门	小环藻	+	+	+	+	+	+
硅藻门	脆杆藻						+
硅藻门	克洛脆杆藻	+	+	+		+	+
硅藻门	尖针杆藻	+		+	+		
硅藻门	舟形藻						+
硅藻门	桥弯藻				+		
硅藻门	菱形藻	+	+		+	+	
硅藻门	曲壳藻						+
绿藻门	衣藻				+	+	+
绿藻门	韦斯藻			+			
绿藻门	四角藻					+	+
绿藻门	并联藻				+		+
绿藻门	蹄形藻					+	+
绿藻门	卵囊藻	+	+	+	+	+	+
绿藻门	栅藻						+
绿藻门	十字藻			+	+		+
绿藻门	丝藻				+		+
绿藻门	鼓藻				+		+
绿藻门	胶网藻			+	+	+	+
绿藻门	空球藻		+	+	+	+	+
绿藻门	实球藻				+	+	+
绿藻门	纤细角星鼓藻		+	+	+	+	+
绿藻门	单角盘星藻具孔变种	+	+	+	+	+	+

门类	学名	6月			10月		
		邛海1（出口）	邛海2（湖心）	邛海3（湖尾）	邛海1（出口）	邛海2（湖心）	邛海3（湖尾）
绿藻门	单角盘星藻对突变种	＋	＋	＋	＋	＋	＋
绿藻门	双射盘星藻	＋	＋	＋			
绿藻门	浮球藻					＋	
绿藻门	转板藻	＋					
绿藻门	球囊藻	＋				＋	
绿藻门	水绵		＋				
绿藻门	鞘藻					＋	
绿藻门	单针藻	＋					
隐藻门	尖尾蓝隐藻				＋	＋	＋
隐藻门	卵形隐藻	＋	＋		＋	＋	＋
裸藻门	尖尾裸藻				＋		
甲藻门	飞燕角甲藻	＋	＋	＋	＋	＋	＋

14.4.2 浮游植物种群结构及多样性

邛海两次测得浮游植物密度统计如图14.4-3所示，6月和10月浮游植物密度均值分别为 4.42×10^5 cells/L 和 1.44×10^6 cells/L，10月明显高于6月。

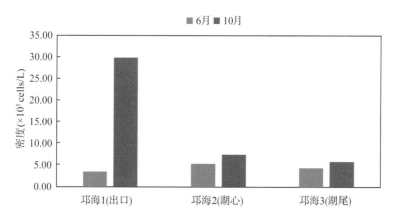

图 14.4-3 邛海浮游植物密度

邛海 1(出口)6 月浮游植物密度为 3.52×10^5 cells/L,10 月浮游植物密度为 2.98×10^6 cells/L。邛海 2(湖心)6 月浮游植物密度为 5.35×10^5 cells/L,10 月浮游植物密度为 7.47×10^5 cells/L。邛海 3(湖尾)6 月浮游植物密度为 4.39×10^5 cells/L,10 月浮游植物密度为 5.85×10^5 cells/L。6 月,邛海 3 个断面浮游植物密度较为接近;10 月,邛海 1(出口)浮游植物密度高于湖心,高于湖尾。

邛海相对丰度如图 14.4-4 所示。

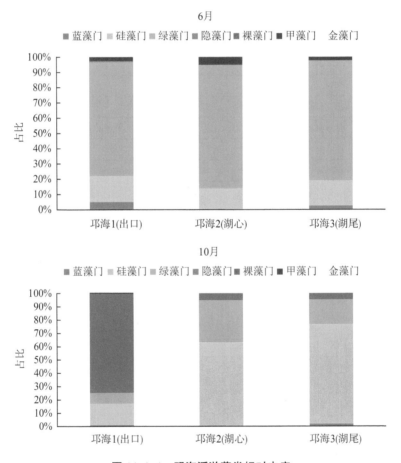

图 14.4-4　邛海浮游藻类相对丰度

6 月份,邛海 1(出口)、邛海 2(湖心)、邛海 3(湖尾)均是绿藻门占据优势,占比分别为 74.6%,80.9%,78.6%;其次为硅藻门,藻细胞密度占比分别为 17.4%、14.0%、16.8%。6 月邛海 3 个断面的优势种均为丝藻,其藻细胞密度分别为 2.00×10^5 cells/L、2.71×10^5 cells/L、2.20×10^5 cells/L。

10月份,邛海水域邛海1(出口)是隐藻门和硅藻门占据优势;邛海2(湖心)是硅藻门、绿藻门占据优势;邛海3(湖尾)也是硅藻门、绿藻门占据优势地位。此时,邛海1(出口)优势种为尖尾蓝隐藻,藻细胞密度 1.87×10^6 cells/L,占比74.4%;邛海2(湖心)和邛海3(湖尾)优势种均为小环藻,藻细胞密度分别为 4.70×10^5 cells/L 和 4.40×10^5 cells/L,占比分别为63.6%、75.4%。

14.4.3　多样性指数计算评价赋分

采用Shannon-Wiener多样性指数对邛海水生态状况进行评估,多样性指数结果如图14.4-5所示,多样性指数赋分结果如图14.4-6所示。

6月,邛海水域邛海1(出口)、邛海2(湖心)、邛海3(湖尾)3个断面的Shannon-Wiener多样性指数为2.6~3.1,10月为2.5~3.2,表明该区域的物种较为丰富。10月与6月相比,丰富度指数基本相当。通过多样性指数赋分计算,得到邛海各断面6月的多样性指数赋分,分别处于52~61,均值55.3;10月赋分为50~63,均值56.3。总体状况为中等。说明监测期间,邛海多样性状况处于中等状态。

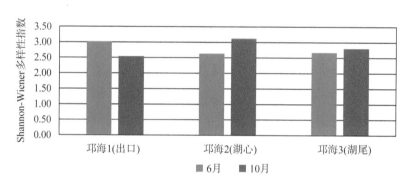

图 14.4-5　邛海浮游藻类多样性指数计数结果

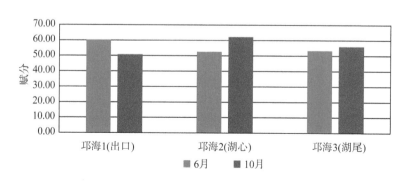

图 14.4-6　邛海浮游藻类多样性指数赋分

14.4.4 水华风险分析

根据水华分级标准,通过浮游植物密度评价水华程度。评价结果见表14.4-2。由表可见,2023年6月份,3个水域均无水华情况;而10月份,邛海有部分断面,等级为无明显水华,即水面有藻类聚集,或能够辨别水中有少量藻类颗粒。这说明,邛海存在一定的水华风险,应该重点关注。

表14.4-2 邛海水华风险分析

河(湖)名称	样点	调查时间	水华等级
邛海	邛海1(出口)	6月5日	无水华
邛海	邛海2(湖心)	6月5日	无水华
邛海	邛海3(湖尾)	6月5日	无水华
邛海	邛海1(出口)	10月31日	无明显水华
邛海	邛海2(湖心)	10月31日	无水华
邛海	邛海3(湖尾)	10月31日	无水华

14.5 小结

经过两次监测,邛海水域3个断面在监测期间,藻细胞密度均未达到水华的程度,但10月的监测,藻类密度达到10^6 cells/L,尚存在一定的风险。通过多样性指数赋分得到,邛海的浮游植物多样性处于一般状态。

结合水质状况看,邛海近年水质总体状况为优,但是2019—2021年,Ⅰ类水占比有所降低,而Ⅳ类水有所上升。有轻微变差的风险,需要进一步跟踪观察。

此次对邛海的水生态试点监测初步了解了邛海湖内浮游植物的种类以及种群结构,也在一定程度上发现邛海水体生态状况的隐患,但监测频次,监测点位相对较少,反映的情况可能还不够全面。对于相应水文情势、气候影响等都缺乏系统性监测,后续还需对其有更加系统地监测,为及时预防邛海水华暴发,维持水生态平衡,提升物种多样性提供更好的支撑。

第15章

浮游植物生理特性研究一例——钾对铜绿微囊藻生长及产毒性能的调控

随着工业的快速发展和人类活动的加剧,排入河流湖库的各类生活及生产废水使自然水体的外源性营养负荷进一步增加,一旦温度等其他条件满足藻类生长的适宜需求,藻类就会大量增殖,甚至形成水华。N、P、K 是植物生长的三大生源要素,由于藻类生长显著受到 N 和 P 含量的调控,加之污水处理中主要关注 TN 和 TP 指标,以往的研究往往主要关注水体中 N 和 P 的含量对藻华发生的调控机制,而作为生物细胞正常生理代谢活动所必需的大量元素——K,则相对关注较少。另一方面,铜绿微囊藻作为我国淡水湖泊中最广泛分布的藻种之一,但目前尚无研究关注钾对铜绿微囊藻生理生化过程的调控作用。

K^+ 是光合生物生长所需的重要生源要素之一,其参与诸多生理生化反应,如物质的主动转运和细胞渗透压的调节等。在藻类生理学研究领域中,N 和 P 对藻类生长的促进作用受到广泛关注,这可能与污水处理中所限制的营养盐指标重点关注 N 和 P 有关。然而,随着农业施肥需求的日益增长,越来越多的钾盐可能会随着地表径流进入地表水中,全球地表水中的 K^+ 赋存量也呈上升趋势。因此,水环境中日益增长的 K^+ 含量对浮游植物的生长及生理生化过程可能会有一定影响。铜绿微囊藻作为国内淡水水体中最为常见的水华藻种之一,其合成的 MCs 具有较强的毒性,且 MCs 的合成过程也受到多种因素的调控作用。研究水环境中不同 K^+ 含量对铜绿微囊藻的生理生化过程以及产毒性能的调控作用,可以深化对浮游植物生长与增殖影响因素的认识。

基于此,本章探索了 K^+ 浓度(0~0.92 mM)调控下铜绿微囊藻全生长周期,并通过对铜绿微囊藻生长、光合、抗氧化系统、细胞形态、藻毒素合成基因相对转录丰度、胞内能量代谢相关蛋白等参数的测定,系统解析了铜绿微囊藻在不同 K^+ 浓度条件下的生理生化响应过程,并初步探索了 K^+ 浓度调控铜绿微囊藻生长及产毒性能的内在机制。

15.1 钾浓度变化对铜绿微囊藻生理指标的影响

15.1.1 生物量

不同 K^+ 浓度($0\sim0.92$ mM)下铜绿微囊藻密度及生长趋势表现出较为明显的差异(图 15.1-1)。在对照组($K^+=0.46$ mM)中的藻细胞的生长情况最好,实验周期内呈现出线性增长的趋势,培养 30 d 后的藻密度分别是 $K^+=0$ mM 和 $K^+=0.23$ mM 处理组的 3.23 和 1.39 倍。在 $K^+=0$ mM 时,铜绿微囊藻的藻密度从 3.29×10^5 cells/mL 增长至 3.32×10^6 cells/mL,但在实验进行到第 18 d 时,藻细胞的生长趋势开始放缓并趋于稳定。当 $K^+=0.23$ mM 时,最终的藻密度为 $K^+=0$ mM 处理组的 2.31 倍,然而,当 K^+ 浓度继续增加至标准 BG-11 培养基的 2 倍($K^+=0.92$ mM)时,铜绿微囊藻的生长却受到了抑制,最终藻密度为对照组($K^+=0.46$ mM)中藻密度的 80.92%。除此之外,与对照组中的藻细胞相比,3 个处理组中藻细胞的生长速率均明显降低。

图 15.1-2 也能较为明显地反映铜绿微囊藻生长对 K^+ 浓度的响应,同等室内光照条件下,藻液颜色由深到浅分别为:K^+ 浓度 $=0.46$ mM、K^+ 浓度 $=$

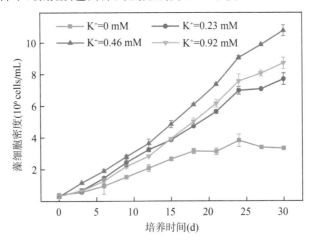

图 15.1-1 不同 K^+ 浓度下铜绿微囊藻的生长曲线

0.92 mM、K$^+$浓度＝0.23 mM 和 K$^+$浓度＝0 mM，与铜绿微囊藻的最终藻密度变化(图 15.1-1)吻合。

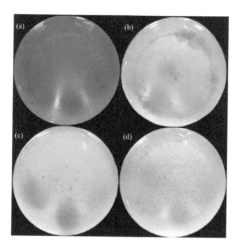

(a) K$^+$＝0 mM；(b) K$^+$＝0.23 mM；(c) K$^+$＝0.46 mM；(d) K$^+$＝0.92 mM

图 15.1-2　不同 K$^+$浓度下铜绿微囊藻生长至第 30 d 时的聚集体

15.1.2　叶绿素 a 含量

如图 15.1-3 所示，在对照组中(K$^+$＝0.46 mM)，铜绿微囊藻细胞内叶绿素 a 含量在整个实验周期内并未发生显著变化。其他处理组中，铜绿微囊藻细胞内叶绿素 a 的含量均在第 30 d 发生显著降低，其中，K$^+$＝0 mM、K$^+$＝0.23 mM 和 K$^+$＝0.92 mM 处理下，铜绿微囊藻细胞内叶绿素 a 的含量分别比对照组降低了 39.6%、27.3%和 17.7%。

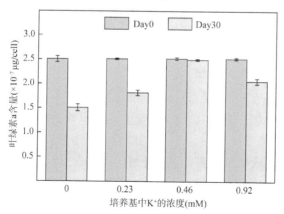

图 15.1-3　不同 K$^+$浓度下铜绿微囊藻第 30 d 细胞内叶绿素 a 浓度的变化

15.1.3　叶绿素荧光参数(Fv/Fm)

如图 15.1-4 所示,对照组中铜绿微囊藻的 Fv/Fm 在 0~6 d 有显著升高,对应了铜绿微囊藻的生长阶段从适应期过渡到对数生长期。在 K^+ 缺失或不足的处理下($K^+=0$ mM 和 $K^+=0.23$ mM),铜绿微囊藻细胞的 Fv/Fm 在对数生长期受到显著抑制,而 K^+ 过量处理下($K^+=0.92$ mM),Fv/Fm 在前 6 d 呈现出与对照组中相似的趋势,而随着时间的延长,Fv/Fm 也受到了显著的抑制,由此可推测 K^+ 缺失比 K^+ 过量更能抑制铜绿微囊藻的生长潜力。

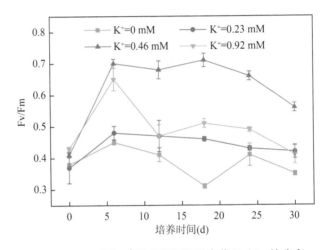

图 15.1-4　不同 K^+ 浓度下铜绿微囊藻 Fv/Fm 的响应

15.1.4　细胞内 SOD 活性和 MDA 含量

与对照组相比,在 K^+ 缺失($K^+=0$ mM)处理组中,铜绿微囊藻细胞内的 SOD 活性在连续培养过程中显著增加,培养至第 18 d 时 SOD 活性最高(图 15.1-5),是对照组的 2.58 倍。而与对照组相比,在 $K^+=0.23$ mM 和 $K^+=0.92$ mM 处理组中,SOD 活性的增加相对较少,且第 24 d 的 SOD 活性与对照组无显著差异,但在第 30 d,$K^+=0.23$ mM 和 $K^+=0.92$ mM 处理组中的铜绿微囊藻细胞内 SOD 活性再次增加。此外,还观察到铜绿微囊藻细胞内 MDA 含量在 K^+ 浓度发生变化时显著增加(图 15.1-6),其中 K^+ 缺失($K^+=0$ mM)处理中引起最严重的 MDA 积累,并在第 30 d 观察到最高的 MDA 含量,为对照组的 3.87 倍。

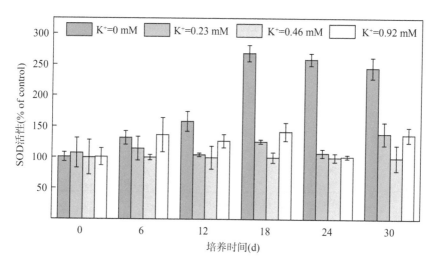

图 15.1-5　不同 K⁺ 浓度下铜绿微囊藻细胞内 SOD 活性的变化

注:纵坐标% of control 为同一采样时间中各处理组相较于对照组(K⁺=0.46 mM)的百分比,下同。

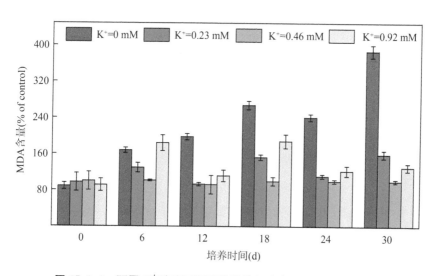

图 15.1-6　不同 K⁺ 浓度下铜绿微囊藻细胞内 MDA 含量的变化

15.1.5　细胞膜完整性

铜绿微囊藻细胞的形态特征及细胞完整性在不同的 K⁺ 水平下表现出明显的差异。图 15.1-7 中流式细胞实验结果表明,标准 BG-11 培养基中的铜绿微囊藻细胞损伤程度为 7.15%,而在 K⁺ 浓度为 0 mM、0.23 mM 和 0.92 mM 时,细胞损伤程度分别为 72.18%、67.5% 和 44.23%,表明 K⁺ 浓度过高或者过低都对铜绿微囊藻的细胞完整性有负面作用。

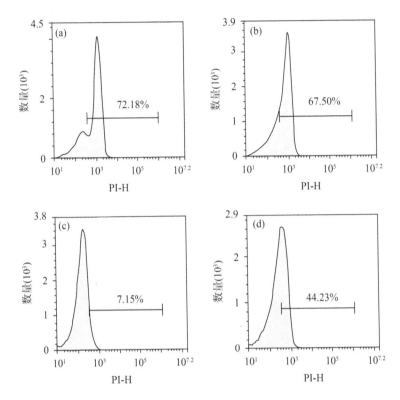

(a) K⁺=0 mM;(b) K⁺=0.23 mM;(c) K⁺=0.46 mM;(d) K⁺=0.92 mM

图 15.1-7　不同 K⁺ 浓度对铜绿微囊藻细胞完整性的影响

15.2　钾浓度变化对铜绿微囊藻细胞表面特性的影响

15.2.1　细胞亚结构

在标准 BG-11 培养基(K⁺=0.46 mM)中,铜绿微囊藻细胞表现出圆形、光滑和完整的细胞膜外部结构,并且没有明显可见的细胞损伤[图 15.2-1(c)];然而,当 K⁺ 浓度高于或低于标准 BG-11 培养基浓度时,都会对细胞结构造成一定程度的损伤。在 K⁺ 浓度=0 M 的条件下,大多数铜绿微囊藻细胞都已裂解[图 15.2-1(a)],这种细胞损伤在 K⁺ 浓度提升至 0.23 mM 时有所减轻[图 15.2-1(b)],值得注意的是,当 K⁺ 浓度进一步提升至 0.92 mM[图 15.2-1(d)]时,可以观察到铜绿微囊藻细胞也发生了的变形和破裂,但细胞损伤的程度相对于 0 mM 和 0.23 mM 的 K⁺浓度条件下更轻,这与流式细胞分析的结果(图 15.1-7)高度一致。

与铜绿微囊藻细胞形态观察的结果一致,TEM 观察结果显示,标准 BG - 11 培养基中的铜绿微囊藻细胞结构完整,同时,细胞壁(CW)和膜(CM)紧密结合,此外,重要的细胞亚结构如类囊体(THY)、核糖体(RIB)和多磷酸盐颗粒(PP)都均匀分布在细胞质中[图 15.2-1(g)],细胞整体呈健康状态。如图 15.2-1(e)所示,当铜绿微囊藻细胞在 K⁺缺失(K⁺＝0 mM)的环境条件下培养时,细胞形态发生明显的变化,内部结构严重受损,类囊体变得稀疏且不规则,多种细胞器的结构变形,细胞内部基本不具有完整的结构分区;根据 SEM 的结果,与 BG - 11 培养基中培养的铜绿微囊藻细胞相比,K⁺浓度为 0.23 mM 和 0.92 mM 时,细胞亚结构也受到了一定程度的损伤,但较 K⁺缺失处理下低。综上,通过形态学分析证实,缺乏和过量的 K⁺浓度都能够对铜绿微囊藻的细胞结构造成损伤。

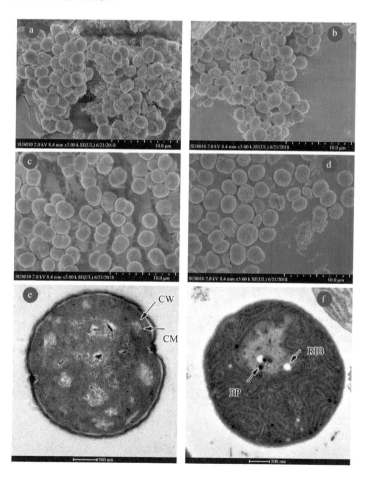

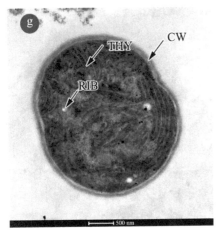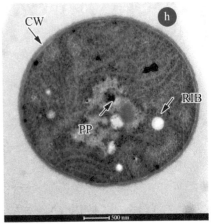

(a)~(d):0 mM、0.23mM、0.46mM 和 0.92mM 的 K$^+$浓度的 SEM 图;(e)~(h):0 mM、0.23 mM、0.46 mM 和 0.92 mM 的 K$^+$浓度的 TEM 图

图 15.2-1　不同 K$^+$浓度对铜绿微囊藻细胞结构的影响

15.2.2　细胞内外藻毒素含量

　　K$^+$缺失(K$^+$=0 mM)对铜绿微囊藻细胞内 MCs 的合成与释放有显著的抑制作用。在不添加 K$^+$的情况下,培养体系上清液中的 MCs 含量从第 6 d 开始就显著降低(图 15.2-2),在添加了 K$^+$的三个组中,第 30 d 上清液中 MCs 的浓度无显著差异,且显著高于 K$^+$缺失组,K$^+$缺失(K$^+$=0 mM)环境中第 30 d 胞外 MCs 的含量仅为对照组的 25.89%。胞内 MCs 变化趋势(图

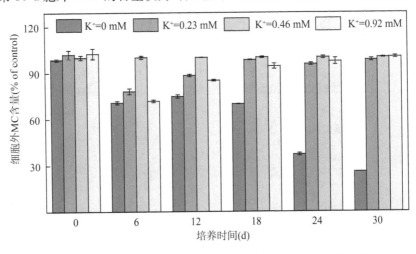

图 15.2-2　不同 K$^+$浓度对铜绿微囊藻细胞外相对 MCs 含量的影响

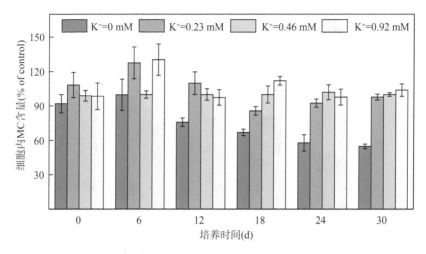

图 15.2-3 不同 K⁺浓度对铜绿微囊藻细胞内相对 MCs 含量的影响

15.2-3)说明，K^+缺失能显著抑制铜绿微囊藻细胞内 MCs 的合成，自第 12 d 起，铜绿微囊藻细胞内 MCs 的含量就呈现出随时间降低的趋势，最终胞内 MCs 含量仅为对照组的 54.8%；而 $K^+=0.23$ mM 和 $K^+=0.92$ mM 处理下，细胞内 MCs 的含量在第 6 d 显著增加，比对照组高出 27.49% 和 30.32%。但这种趋势并未有一直维持下去，在第 30 d，两个处理下铜绿微囊藻胞内 MCs 的含量分别为对照组的 94.81% 和 103.87%，均显著高于 K^+缺失处理组。

15.3 钾浓度变化对铜绿微囊藻产毒基因相对表达丰度的影响

在遗传水平上，运用 qRT-PCR 技术评估了 MCs 合成相关的基因（$mcyA$、$mcyB$ 和 $mcyD$）和转运相关基因（$mcyH$）的表达丰度的变化情况（图 15.3-1）。结果表明，MCs 产生相关基因的相对转录丰度表现出与上清液中 MCs 浓度相似的变化模式。在 K^+缺失（$K^+=0$mM）的处理下，第 30 d 时 $mcyA$、$mcyB$、$mcyD$ 和 $mcyH$ 的相对转录丰度分别约为 37%、72%、78% 和 55%，比对照组中分别降低了 63%、28%、22% 和 45%。而 K^+过量（$K^+=0.92$ mM）的处理下，产毒基因表达有所增强，这与 MCs 浓度的变化模式基本一致。

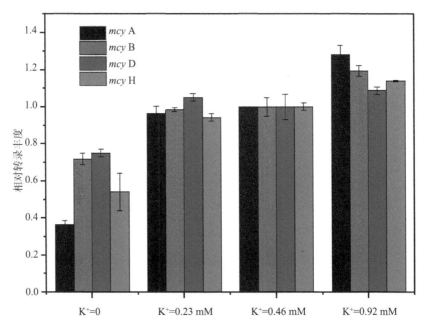

图 15.3-1　不同 K^+ 浓度对铜绿微囊藻产毒基因相对转录丰度的影响

15.4　钾浓度变化对铜绿微囊藻细胞内能量代谢蛋白含量的影响

铜绿微囊藻细胞内铁氧还蛋白和 ATP 合成酶的相对水平如图 15.4-1 和图 15.4-2 所示。在 K^+ 过量(K^+=0.92 mM)处理中,第 12 d 的铁氧还蛋白含量最高,比对照组高出 14%,而后呈现出降低趋势,而 K^+ 缺失(K^+=0 mM)处理中铁氧还蛋白含量随着培养时间的延长而降低,最后降低至对照组的 53.23%。ATP 合酶水平在 K^+=0.23 mM 处理的第 12 d 最高,为对照组的 124.62%,K^+ 缺失(K^+=0 mM)处理中的最终 ATP 合酶水平仅为对照水平的 50%,在钾过量(K^+=0.92 mM)处理中,细胞内 ATP 合成酶水平的变化幅度相对最小。

K^+ 能促进多种与细胞物质合成相关的酶促反应,是细胞进行正常生理活动的重要保障。先前的一项研究表明,K^+ 不是限制硅藻门的星杆藻生长速率和生物量的必要因素,然而,在本研究中发现了相反的现象,在没有添加 K^+ 的培养基中,尽管确实观察到了铜绿微囊藻生物量的增长,但与标准 BG-11 培养基中的藻细胞相比,其生长速率显著降低,且提前达到了生长的稳定期(图 15.4-1)。这可能是由于星杆藻和铜绿微囊藻的生长对 K^+ 浓度的需求不同。此外,前述研究是在 K^+ 浓度为 $0.3\sim6\ \mu M$ 的条件下进行的,这可能已经达到了星杆藻生长对 K^+ 的需求量。K^+ 在调控铜绿微囊藻生长中的作用,也可以被其对铜绿微囊藻细胞内叶绿素 a 含量(图 15.1-3)和 Fv/Fm(图 15.1-4)的调控作用所佐证。此外,随着 K^+ 水平的进一步增加($K^+=0.92\ mM$),藻密度降低了近 20%,说明过量的 K^+ 对铜绿微囊藻细胞有一定的毒作用。这与前人发现的过高的 K^+ 浓度对金藻门的锥囊藻的细胞增殖和生物量增长有抑制作用这一研究结果一致。本研究首次证明了有效 K^+ 浓度在调节铜绿微囊藻生长中的双重作用。

K^+ 浓度对铜绿微囊藻的影响也可以通过藻类细胞的形态和细胞的完整性来评估。在不同的 K^+ 浓度下铜绿微囊藻细胞完整性的响应各不相同,与对照培养基中的铜绿微囊藻细胞相比,在 K^+ 缺失($K^+=0\ mM$)情况下,细胞完整性的损害程度最大,K^+ 浓度为 $0.23\ mM$ 时损伤得到减轻,而在较高的 K^+ 浓度($K^+=0.92\ mM$)水平下,细胞完整性也受到了一定程度的损害。流式细胞仪分析结果表明,受损细胞占比随着 K^+ 浓度的降低而增加,但较高 K^+ 暴露环境也会产生负面效应,这一结果与生长动力学和形态学反应一致。另一方面,细胞内 SOD 活性和 MDA 含量的变化也可以反映出在 K^+ 缺失($K^+=0\ mM$)环境中,铜绿微囊藻细胞内受到的氧化损伤最为严重,由此推测 K^+ 对铜绿微囊藻的生长具有重要的作用。

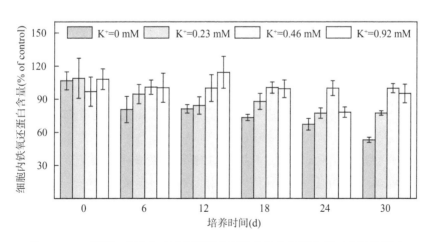

图 15.4-1　不同 K^+ 浓度对铜绿微囊藻细胞内铁氧还蛋白相对含量的影响

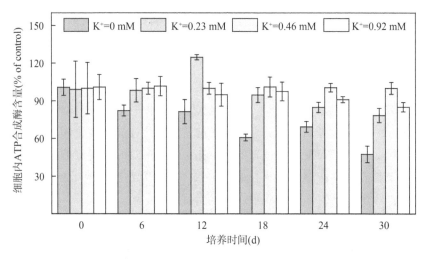

图 15.4-2　不同 K⁺ 浓度对铜绿微囊藻细胞内 ATP 合成酶相对含量的影响

已经有研究发现,MCs 有助于铜绿微囊藻细胞的光合作用、环境适应和营养代谢及储存过程,同时,铜绿微囊藻的产毒能力受到多种因素(例如营养盐水平、光照和温度条件)的调控。最近,有研究揭示出环境中微量元素的浓度与微囊藻生长和 MCs 生成有关,例如,铁(Fe)可通过影响细胞内叶绿素含量,从而降低藻细胞的光合能力并间接影响 MCs 的生物合成。在本研究中,铜绿微囊藻细胞内外的 MCs 浓度随着 K⁺ 水平的升高而显著增加(图 15.2-2 和图 15.2-3),并且产毒基因相对表达丰度的变化表现出与前者几乎相同的趋势(图 15.3-1),本研究首次证实了 K⁺ 水平的变化可以影响铜绿微囊藻细胞内 MCs 的合成,并且 K⁺ 浓度的降低可以有效限制铜绿微囊藻的生长和产毒性能。

15.5　钾调控铜绿微囊藻生长及产毒的 iTRAQ 机理解析

为了系统性地深入了解 K⁺ 浓度调控铜绿微囊藻生长及产毒性能的分子生物学机理,本研究使用了同位素标记相对和绝对定量(Isobaric tag for relative and absolute quantitation,iTRAQ)技术,以 K⁺ =0.46 mM 处理为对照组,对各个 K⁺ 浓度处理下的响应蛋白进行定量标记,并解析其蛋白质互作机制。查库使用软件版本为 Proteome Discoverer TMSoftware 2.1,数据库选用铜绿微囊藻(*Microcystis aeruginosa*)。结果采用 Scaffold 4 软件过滤,蛋白阳性结果错误率≤2%,肽段阳性结果错误率≤1%,得到表达差异量的结果,变化倍数(Fold Change)在 0.83 倍以下或 1.2 倍以上,认为二者之间差异有统计学意义。

15.5.1　蛋白质的鉴定和定量

在所有样品中,总共鉴定出了 25 009 个肽段,对应 3 263 种已知蛋白质。在通过 ANOVA 测试检测到的统计学上被显著上、下调的蛋白质中($P<0.05$),舍弃变化倍数在 0.83 倍和 1.2 倍之间的蛋白质后的相应蛋白被统称为差异蛋白(Differently Expressed Proteins,DEPs)。如图 15.5-1 所示,与对照组($K^+=0.46$ mM)相比,在 K^+ 缺失($K^+=0$ mM)的环境中,共有 530 个蛋白质的表达被上调,266 个蛋白质的表达被下调;在 $K^+=0.23$ mM 的环境中,共有 61 个蛋白质的表达被上调,88 个蛋白质的表达被下调;在 $K^+=0.92$ mM 的环境中,共有 144 个蛋白质的表达被上调,127 个蛋白质的表达被下调。其中,有 14 个蛋白质在三个处理组中都被显著上调,有 20 个蛋白质在三个处理组中都被下调,在 K^+ 缺失($K^+=0$ mM)的环境中,共有多达 431 个蛋白质被特异上调,有 184 个蛋白质被特异下调;在 $K^+=0.92$ mM 的环境中,有 59 个蛋白质被特异上调,有 53 个蛋白质被特异下调。总体上看,在 K^+ 缺失($K^+=0$ mM)条件下差异蛋白的数量最多,在 $K^+=0.92$ mM 的条件下次之,在 $K^+=0.23$ mM 的条件下最少。

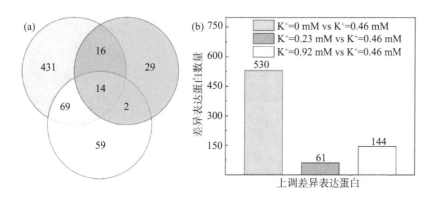

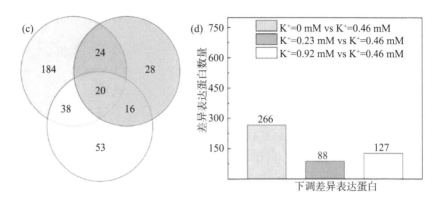

(a)和(c)为上调和下调蛋白的韦恩图,(b)和(d)为上调和下调蛋白的柱状统计图。

图 15.5-1　差异蛋白数量统计

15.5.2　铜绿微囊藻细胞内差异蛋白 KEGG 功能注释

根据数据库分析工具 KEGG(Kyoto Encyclopedia of Genes and Genomes)富集分析的结果可知(图 15.5-2),与对照组相比,K^+ 缺失(K^+＝0 mM)的条件下,受影响的蛋白质主要富集于核糖体、氧化磷酸化、ABC 转运蛋白和光合作用通路;在 K^+＝0.23 mM 的培养条件下,受影响的蛋白质主要与核糖体、氮代谢、丁酸代谢和氧化磷酸化有关;在 K^+＝0.92 mM 的培养条件下,受影响的蛋白质主要与 ABC 转运蛋白,光合生物中的碳固定和内质网中的蛋白质加工过程有关。

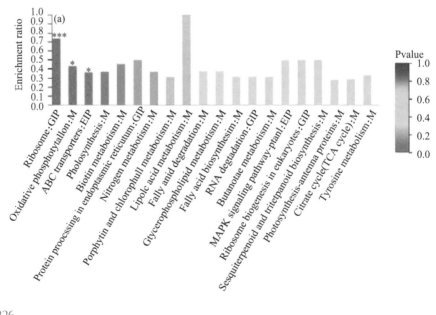

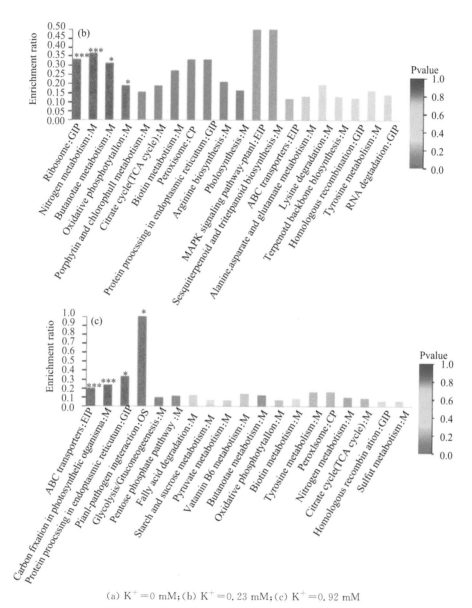

（a）K⁺＝0 mM；（b）K⁺＝0.23 mM；（c）K⁺＝0.92 mM

图 15.5-2　三个处理组的差异蛋白 KEGG 富集分析结果图

图 15.5-2 横坐标表示通路名称（pathway name），纵坐标表示富集率[指该通路（pathway）中富集到的蛋白数目（protein number）与注释到通路（pathway）的蛋白数目（background number）的比值，比值越大，表示富集的程度越大]，柱子颜色梯度表示富集的显著性，颜色越深，代表该 KEGG term 越显著富集，其中 $P<0.001$ 的标记为 ＊＊＊，$P<0.01$ 的标记为 ＊＊，$P<0.05$ 的标记为 ＊。

15.5.3　ABC-转运体关键蛋白的响应

如图15.5-3所示,许多DEPs被定位于ABC转运体通路,且通过KEGG富集分析得出,$K^+ = 0$ mM 和 $K^+ = 0.23$ mM 处理下铜绿微囊藻细胞中的ABC转运体通路的活性都被下调。ABC转运体家族蛋白可以分为15个小类,本研究主要选取矿物和有机离子转运蛋白(mineral and organic ion transporters)这两小类蛋白进行具体分析。结果显示,在两个处理组($K^+ = 0$ mM 和 $K^+ = 0.92$ mM)中的DEPs的种类几乎是相同的,例如,碳酸氢盐转运系统底物结合蛋白(CmpA),铁(Fe)转运系统底物结合蛋白(AfuA)和碳酸氢盐转运ATP结合蛋白(CmpD)都被下调。但是,被下调DEPs的下调程度在两个处理组中有所不同,表15.5-1显示,与对照组相比,CmpA蛋白分别在 K^+ 缺失和 $K^+ =$

(a) $K^+ = 0$ mM　　　　　　　(b) $K^+ = 0.92$ mM

图 15.5-3　被注释到 ABC 转运体通路中的差异蛋白

注:绿色字体代表显著差异蛋白质($P < 0.05$)。

0.92 mM 的条件中被下调约 56％和 30％，同时，AfuA 蛋白分别下调了 51％和 33％，CmpD 蛋白分别被下调了 67％和 49％，从数据上看，这些蛋白在 $K^+=$ 0 mM 培养条件下的下调程度比 K＝0.92 mM 中的更高；与前述情况相反，ABC 型磷酸盐转运系统底物结合蛋白在上述两组中分别被上调了 40％和 20％。

除此之外，也有个别蛋白被特异影响，如碳酸氢盐转运系统底物结合蛋白只在 $K^+=0$ mM 处理中被显著下调了 70％，磷酸结合蛋白只在 $K^+=$ 0 mM 处理中被显著下调了 37％，硫酸盐和硫代硫酸盐结合蛋白（CysP）只在 $K^+=0$ mM 处理中被显著上调了 28％；磷酸盐导入 ATP 结合蛋白（PstB）只在 $K^+=0.92$ mM 处理中被显著上调了 28％。总体来说，$K^+=0$ mM 培养条件下，ABC 转运体中注释到的特异 DEPs 的数量相对更多。

表 15.5-1 ABC 转运体相关差异蛋白统计表

序列号 （Accession）	描述 （Description）	$K^+=0$ mM/$K^+=0.46$ mM			$K^+=0.92$ mM/$K^+=0.46$ mM		
		FC	P	R	FC	P	R
I4HZY1	Bicarbonate transport system substrate-binding protein	0.294 5	0.023 6	down	—	—	—
L8NPF4	Bicarbonate transport ATP-binding protein CmpD	0.331 1	0.000 5	down	0.511 3	0.000 9	down
I4FZW7	Bicarbonate transport system substrate-binding protein	0.346 4	0.018 7	down	0.653 4	0.017 4	down
A0A1X9LE32	CmpB	0.402 6	0.001 5	down	0.542 3	0.001 9	down
A0A1X9LCE3	NrtC	0.428 8	0.004 4	down	0.534 1	0.002 7	down
S3JH09	Bicarbonate-binding protein CmpA	0.440 1	0.002 9	down	0.699 5	0.013 5	down
A0A1X9L8N0	iron(Ⅲ) transport system substrate-binding protein	0.484 4	0.001 3	down	0.665 7	0.003 1	down
I4H6J3	Bicarbonate transport ATP-binding protein	0.517 4	0.005 2	down	0.529 5	0.005 0	down
L8NKH6	Phosphate-binding protein	0.628 1	0.005 2	down	—	—	—

续表

序列号 (Accession)	描述 (Description)	$K^+=0$ mM/$K^+=0.46$ mM			$K^+=0.92$ mM/$K^+=0.46$ mM		
		FC	P	R	FC	P	R
A0A1X9LC48	Uncharacterized protein	0.667 5	0.017 4	down	0.697 4	0.000 4	down
L8P1L4	Nitrate transport protein NrtA	0.789 3	0.020 7	down	—	—	—
A0A2H6BPW1	Virulence factor Mce family protein	1.232 4	0.035 1	up	—	—	—
A0A2H6BWL0	MCE family protein	1.238 4	0.007 6	up	—	—	—
A0A2H6L8B4	Periplasmic binding protein	1.243 3	0.038 2	up	—	—	—
A0A2H6L998	Zinc ABC-transporter zinc-binding protein component	1.266 3	0.044 4	up	—	—	—
A0A0A1VZ64	Sulfate and thiosulfatebinding protein CysP	1.280 8	0.006 6	up	—	—	—
A0A0A1VWT1	Phosphate import ATP-binding protein PstB	1.378 7	0.019 8	up	—	—	—
L8NNU8	Of ABC-type phosphate transport system substrate-binding protein	1.401 6	0.002 5	up	1.201 1	0.019 4	up
A0A0F6U4X8	ABC transporter ATP-binding protein	1.404 0	0.024 0	up	—	—	—
A0A139GNU8	Long-chain fatty acid-CoA ligase	1.489 3	0.020 0	up	—	—	—
A0A0A1VP49	Sulfate and thiosulfate binding protein CysP	—	—	—	—0.720 0	0.003 7	down
I4HBI9	Nitrate transport ATP-binding protein	—	—	—	0.819 0	0.023 3	down
L8NHW2	Protein sphX	—	—	—	1.213 7	0.008 1	up

续表

序列号 (Accession)	描述 (Description)	$K^+=0$ mM/$K^+=0.46$ mM			$K^+=0.92$ mM/$K^+=0.46$ mM		
		FC	P	R	FC	P	R
A0A1X9L810	Phosphate import ATP-binding protein PstB	—	—	—	1.283 7	0.007 3	up

注:FC 为差异倍数(Fold Change);R 为调控,下同。

15.5.4　钾对铜绿微囊藻光合作用关键蛋白的影响

光反应系统由光合系统 II(PS II)、光合系统 I(PS I)、光捕获系统、细胞色素 b6f 和 ATP 合成酶组成。光捕获复合物聚集光能并控制能量流向反应中心,PS II 通过质体醌分子将电子转移至细胞色素 b6f,然后,电子从质体蓝素依次转移到 PSI、铁氧还蛋白和铁氧还蛋白-NADP$^+$ 还原酶;最终将光能转化为化学能,主要形式为 NADPH 和 ATP,该化学能可用于细胞的卡尔文循环、CO_2 的同化以及其他细胞代谢功能。与真核细胞不同的是,蓝藻细胞不具有完备的叶绿体,而是在光合作用片层上附着由藻胆蛋白构成的藻胆体,在蓝藻的光合作用中起着重要作用。

本研究中,与光合作用相关的蛋白质表达在质量和数量上均显示出显著差异。由表 15.5-2 可知,在 $K^+=0$ mM 处理组下,DEPs 的数量和变化程度要比 $K^+=0.92$ mM 处理下更为复杂。在 $K^+=0$ mM 的条件下,铁氧还蛋白(Ferredoxin,Fd)在 PSI 中的膜结合铁-硫中心之间起电子载体的作用,并参与循环光合磷酸化中的电子传递的蛋白质被下调了 48%,同时,4 个 PS II 中的关键蛋白均被下调了 25% 左右。在 $K^+=0.92$ mM 环境下,只有 2 种蛋白质被显著下调(图 15.5-4),表明光合作用系统对环境中过量 K^+ 的敏感性要小得多。除此之外,ATP 合成酶亚基 b 的表达在 $K^+=0$ mM 处理组中上调了 23%,而在 $K^+=0.92$ mM 处理组中下调了 18%。

表 15.5-2　光合作用相关差异蛋白统计表

序列号 (Accession)	描述 (Description)	$K^+=0$ mM/$K^+=0.46$ mM			$K^+=0.92$ mM/$K^+=0.46$ mM		
		FC	P	R	FC	P	R
L8NTN4	Ferredoxin	0.518 6	0.022 8	down	—	—	—
A0A0A1VSN2	Plastocyanin (PetE)	0.584 8	0.023 2	down	—	—	—

续表

序列号 (Accession)	描述 (Description)	K⁺＝0 mM/K⁺＝0.46 mM			K⁺＝0.92 mM/K⁺＝0.46 mM		
		FC	P	R	FC	P	R
I4HLW8	photosystem Ⅱ cytochrome b559 subunit alpha (psbE)	0.606 8	0.044 4	down	—	—	—
A8YD65	ATP synthase subunit a	0.713 8	0.047 4	down	—	—	—
A0A0A1 VUK8	Photosystem Ⅱ D2 protein (psbD)	0.730 7	0.006 2	down	—	—	—
A0A1E4QE45	ATP synthase subunit delta	0.767 7	0.036 9	down	—	—	—
S3J8M9	Photosystem Ⅱ protein D1 (psbA)	0.780 8	0.004 9	down	—	—	—
A0A1V4 BUW0	Photosystem Ⅱ 12 kDa extrinsic protein	0.819 0	0.023 7	down	—	—	—
A0A1X9L518	Uncharacterized protein	0.823 4	0.012 1	down	—	—	—
A0A0A1VTK8	Photosystem Ⅱ lipoprotein Psb27	0.828 3	0.008 0	down	—	—	—
L8NMV1	Ferredoxin－1	0.787 8	0.039 4	down	—	—	—
I4G5B0	ATP synthase subunit b	1.229 2	0.005 8	up	0.819 2	0.036 8	down
A0A1X9LBJ3	PetF	1.232 0	0.023 0	up	—	—	—
P19129	Cytochrome c－550	1.398 1	0.007 2	up	—	—	—
I4GD07	Photosystem I reaction center subunit Ⅳ	1.357 7	0.042 9	up	—	—	—
L8NQQ0	Cytochrome c6 (PetJ)	1.674 2	0.017 9	up	—	—	—
A0A0A1VXJ9	ATP synthase subunit beta	1.953 5	0.012 2	up	—	—	—
A0A0F6U6K3	Photosystem Ⅱ reaction center protein L	2.523 6	0.009 1	up	—	—	—

序列号 (Accession)	描述 (Description)	K⁺=0 mM/K⁺=0.46 mM			K⁺=0.92 mM/K⁺=0.46 mM		
		FC	P	R	FC	P	R
A0A1V4BY86	Photosystem I reaction center subunit XII	—	—	—	0.787 8	0.011 3	down

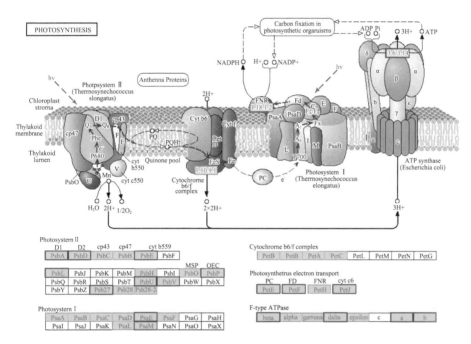

图 15.5-4　光合作用系统差异蛋白示意图

15.5.5　钾对铜绿微囊藻氧化磷酸化关键蛋白的影响

呼吸链的电子传递和 ATP 形成的偶联机制称为氧化磷酸化作用,是细胞中的最主要能量来源,与糖及脂肪代谢、线粒体的结构和功能和 ATP 密切相关。氧化磷酸化(OXPHOS)的过程通过四种酶之间的电子流进行,其中三种酶是位于线粒体内膜中的质子泵,四种 OXPHOS 蛋白复合物(即复合物 CI~CIV)共同组成呼吸超复合物。在内膜上的质子沿梯度传递中积累的能量,用于通过第五个 OXPHOS 复合物,即 ATP 合酶(ATP synthase)进行 ATP 合成,完成氧化磷酸化的完整过程。

总体上看,在 K⁺=0 mM 时,与前述的两种通路不同,氧化磷酸化通路中的多数差异蛋白的活性总体被上调,共有 10 个蛋白质的表达被显著上调,

5 个蛋白质的表达被显著下调(图 15.5-5)。其中,有数个蛋白质的表达被上调的程度非常大,个别甚至成倍增长。例如,琥珀酸脱氢酶铁硫亚基的表达被显著上调 50.5%,ATP 合成酶亚基 β 的表达被显著上调 95.3%,细胞色素 c 氧化酶亚基 2 被显著上调 113.3%。在该组中,下调蛋白质的下调程度均未超过 30%。而当 $K^+ = 0.92$ mM 时,有 2 个蛋白质被显著下调:NAD(P)H-醌氧化还原酶链 4 被下调 26.2%,ATP 合成酶亚基 b 被下调 19.1%,因此氧化磷酸化在过量 K^+ 环境中被抑制。和光合作用相关差异蛋白的总体情况相似,与 $K^+ = 0.92$ mM 的处理组相比,$K^+ = 0$ mM 的处理组中,差异蛋白的个数更多、且差异程度相对更大,同时,ATP 合成酶亚基 b 这一蛋白在 2 个处理组中表现出不同的变化趋势,在 $K^+ = 0$ mM 时被显著上调,在 $K^+ = 0.92$ mM 时被显著下调(表 15.5-3)。

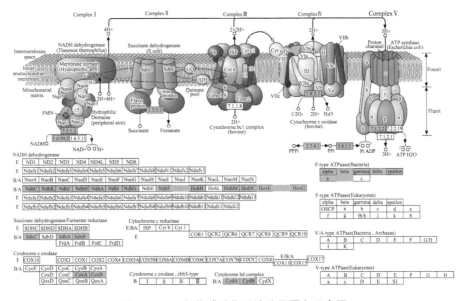

图 15.5-5　氧化磷酸化系统差异蛋白示意图

表 15.5-3　氧化磷酸化相关差异蛋白统计表

序列号 (Accession)	描述 (Description)	$K^+ = 0$ mM/$K^+ = 0.46$ mM			$K^+ = 0.92$ mM/$K^+ = 0.46$ mM		
		FC	P	R	FC	P	R
A0A139GJC6	NAD(P)H-quinone oxidoreductase chain 4	0.460 6	0.000 2	down	0.738 5	0.000 2	down
I4G5B0	ATP synthase subunit b	1.229 2	0.005 8	up	0.819 2	0.036 8	down

序列号 （Accession）	描述 （Description）	$K^+=0$ mM/$K^+=0.46$ mM			$K^+=0.92$ mM/$K^+=0.46$ mM		
		FC	P	R	FC	P	R
A8YD65	ATP synthase subunit a	0.713 8	0.047 4	down	—	—	—
A0A0A1W1J2	NADH dehydrogenase subunit 5	0.726 8	0.009 1	down	—	—	—
A0A1E4QE45	ATP synthase subunit delta	0.767 7	0.036 9	down	—	—	—
A8YLC0	Similar to Cytochrome d ubiquinol oxidase	0.819 8	0.020 4	down	—	—	—
A0A2H6BSH6	Hydrogenase HoxU	1.238 7	0.024 2	up	—	—	—
I4G1E4	Similar to HoxE	1.336 0	0.000 8	up	—	—	—
A0A0F6U293	Succinate dehydrogenase flavoprotein subunit	1.339 2	0.002 7	up	—	—	—
I4GCJ4	Polyphosphate kinase	1.327 7	0.038 0	up	—	—	—
A0A0F6U4U4	NAD(P)H-quinone oxidoreductase chain 4	1.355 0	0.019 2	up	—	—	—
A0A0F6RJU5	Putative succinate dehydrogenase cytochrome b subunit	1.492 1	0.000 9	up	—	—	—
L8NRI5	Succinate dehydrogenase iron-sulfur subunit	1.505 5	0.010 7	up	—	—	—
A0A139GKF9	Cytochrome c oxidase subunit 2	2.133 1	0.002 4	up	—	—	—
A0A0A1VXJ9	ATP synthase subunit beta	1.953 5	0.012 2	up	—	—	—

ABC 转运蛋白（ATP 结合转运蛋白）是一个庞大而多样的蛋白质家族，囊括了使用 ATP 结合和水解所释放出的能量进行多种生物过程的多种跨膜蛋白，它可催化磷脂双分子层中的脂类的翻转。早期研究表明，ABC 转运蛋白可以将单体转运过生物膜，其转运的底物包括糖、金属离子、氨基酸、细胞代谢产物和药物等，它还可以通过运输植物激素来调节植物的生长发育，因

此,ABC 转运蛋白对于细胞正常生理代谢过程具有重要意义。

本研究中,iTRAQ 分析的结果展示了 ABC 转运蛋白中涉及的蛋白质的变化(图 15.5-3 和表 15.5-1)。与对照组中的藻细胞相比,三价铁转运系统底物结合蛋白(AfuA)的表达量分别在 $K^+=0$ mM 和 $K^+=0.92$ mM 处理组中被显著下调了 51% 和 33%,在植物中,Fe 是包括光合作用、电子转移等多种细胞过程中不可缺少的元素,如 Fe 是粪卟啉转化为原卟啉所必需的元素,而卟啉主要参与光合作用,Fe 的缺失会严重抑制藻类的生长,损害藻类光合器官、降低光合活性。因此,随着 Fe 运输相关蛋白的表达量下调,铜绿微囊藻细胞的生理功能将受到严重影响。

已经有研究发现 ABC 转运蛋白也参与 MCs 从细胞内向外转运的过程,因此,在 $K^+=0$ mM 的环境条件下,培养基上清液中 MCs 浓度极低(图 15.2-2),其原因之一就可能是相关 ABC 转运蛋白的表达量的下调,从而抑制了铜绿微囊藻细胞藻毒素的释放。1995 年,Utkilen 和 Gjolme 提出了关于微囊藻 MCs 合成机制的通路并被广为接受,其中强调了 Fe^{3+} 是 MCs 合成过程中重要的参与者,还提出产毒微囊藻属较之非产毒微囊藻属更易吸 Fe^{3+}。2006 年,Beatriz 等人应用反向聚合酶链式反应,初步证明了 MCs 基因的合成可能受到铁吸收调节蛋白(fur)的调节;此外,在缺 Fe^{3+} 环境中,Fe^{3+} 摄入的不足对 MCs 合成影响较大。因此可以推测,K^+ 的缺失抑制了细胞膜铁转运相关蛋白 Fd 的活性,使铜绿微囊藻细胞 Fe^{3+} 摄入不足,进而抑制了产毒基因的合成及表达,这一点可以得到 qRT-PCR 产毒基因丰度检测的实验结果(图 15.3-1)的佐证。

与 $K^+=0.92$ mM 处理组相比,$K^+=0$ mM 的处理组中的铜绿微囊藻细胞内,有更多的 DEPs 的表达量被显著上调,如锌转运结合蛋白的表达量被上调了 26%,硫酸盐和硫代硫酸盐结合蛋白 CysP 的表达量被上调了 28%,磷酸盐结合蛋白 PstB 的表达量被上调了 34%,表明铜绿微囊藻细胞在 K^+ 严重缺乏时,会增加 Zn、P、S 等微量元素的摄入以抵抗恶劣环境条件;而在 $K^+=0.92$ mM 时,显著上调的差异蛋白是 3 个与 N、P 转运相关的蛋白质,表明在 K^+ 浓度过高时,铜绿微囊藻细胞会加剧 N、P 这两个主要营养元素的摄入。ABC 型磷酸盐转运系统底物结合蛋白在 $K^+=0$ mM 和 $K^+=0.92$ mM 处理中均显著上调,分别为 40% 和 20%,表明藻类细胞能在这两种环境条件下加剧磷酸盐转运系统的活性,这可能同时有助于藻类细胞克服缺 K^+ 或者环境 K^+ 浓度过高的情况。

基于前述结果,对 K^+ 影响铜绿微囊藻生长及产毒性能的分子生物学机理总结如图 15.5-6 所示:在 K^+ 充足时情景下($K^+=0.46$ mM),微囊藻的光合作用和 MCs 生物合成过程正常发生,在此过程中,Fe^{3+} 转运系统底物结合蛋白

(AfuA)是直接决定细胞凋亡的重要转运蛋白,负责将 Fe^{3+} 的从水相转运到藻细胞中。此外,铁氧还蛋白(Fd)是一种在光合作用电子传输链中充当电子供体的光合作用蛋白,对于光合作用过程中 ATP 的生产也是必不可少的。同时,已有研究证明 MCs 生物合成需要的能量主要是由光合作用产生的 ATP 贡献的,因此 MCs 的生物合成直接受到光合作用效率的调控。所以,光合作用效率的改变可能会影响 mcy 基因的表达,进而影响 MCs 生物合成,这一过程同时又是由 mcy 基因簇主导的:mcyA 和 mcyB 编码 MCs 化学构建中的肽环化,其中环境中 Fe^{3+} 可以促进 mcyA 的转录;mcyD 编码五肽衍生的 L-氨基酸 Adda 基团的形成及其与 D-谷氨酸的连接,mcyH(编码一种 ABC 转运蛋白)的表达则直接决定了 MCs 向细胞外的释放过程。简而言之,mcyA,mcyB 和 mcyD 的表达决定 MCs 的生物合成量,而 mcyH 影响 MCs 向细胞外释放的量[图 15.5-6(a)]。

在缺乏 K^+ 的情况下,几种与 Fe^{3+} 有关的蛋白(包括 AfuA,Fd 和 Ferredoxin-1)被显著下调。AfuA 下调了 34%,这导致对铜绿微囊藻细胞中 Fe^{3+} 的摄取被严重抑制,从而触发了 Fd 蛋白的下调,这破坏了光合作用的电子传输链,并诱导了 ATP 产量的降低,这可以由 ATP 合成酶 α 和 δ 亚基的下调所佐证。这一发现与以前的文献研究结果相符,前者发现 Fe^{3+} 的限制对铜绿微囊藻的生长速率和能量代谢具有负面影响,其主要机理是光合作用蛋白和色素的下调。同时,已有研究表明,Fe^{3+} 不足能够直接导致铜绿微囊藻内 mcyA 基因转录受限。因此,在 K^+ 缺失导致的 AfuA 表达量下调的情况下,随着 Fe^{3+} 吸收量的同步变化,观察到了铜绿微囊藻 mcyA 基因的下调,K^+ 缺失同时还对 mcyB 和 mcyD 的表达产生负面影响,最终使得 MCs 的生物合成被显著,同时由于 mcyH 的下调,细胞内 MCs 的释放被进一步抑制。综上,在 K^+ 缺失的情况下,铜绿微囊藻细胞内由光合作用和铁转运所介导的 MCs 合成和释放都受到抑制,共同导致释放到体系中的 MCs 浓度显著降低[15.5-6(b)]。

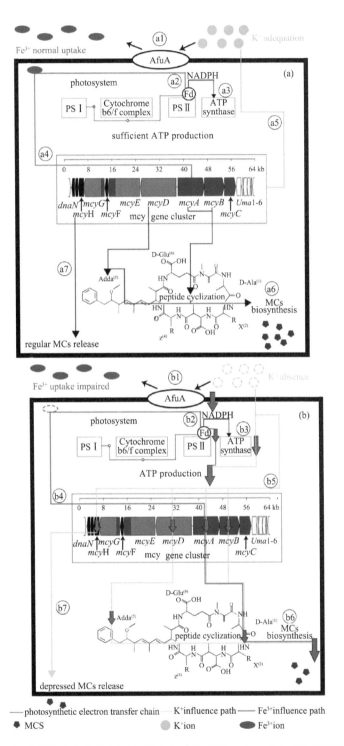

图 15.5-6　铜绿微囊藻在充足(a)和不足(b)K⁺条件下 MCs 生物合成和释放的示意图

第16章

结语和展望

　　长江委水文上游局,隶属于水利部长江水利委员会水文局,与长江上游水文预报中心、长江上游水环境监测中心合署办公。其目前有 5 个 CMA 实验室,分别在重庆、攀枝花、万州、合川、宜宾,现有 32 个国家基本水文站、39 个中央报汛站、65 个基本水位站、13 个雨量站和 113 个水质水生态监测断面,水文测报河段 4 500 余千米,主要站点遍及西藏、云南、陕西、甘肃、四川、贵州、重庆七省(市区)。

　　自 2013 年以来,长江委水文上游局依托自身水文站网优势,先后在长江上游干流重庆段,三峡库区小江、大宁河、赤水河(四川段)、酉水河等多条长江上游支流,在金沙江向家坝、溪洛渡库区,以及区域典型敏感水域泸沽湖、邛海等重点区域开展了浮游植物等生物类群的水生态试点监测工作,取得了宝贵的监测资料。上游局在三峡库区綦江、龙溪河、御临河、小江、大宁河、芙蓉江、塘河、金佛山水库等多个水域开展了生态调查工作或应急监测工作。

　　通过水文调查,水质分析,结合浮游植物种类组成、群落结构、多样性分析、水华风险分析以及完整性分析等手段,对这些典型水域进行了富有成效的监测评价工作。找出了一些风险点,提出了相关建议,有效支撑了区域水资源水环境水生态监测管理工作。

　　目前,上游局在长江上游地区开展水生态监测工作还处于初级阶段。很多工作还不够系统和深入,但是这些基础工作有非常重要的意义。

　　尤其是,当前水体富营养化问题已经成为我国主要的水环境问题之一,水环境问题,会导致水资源受限,制约经济和社会发展。因此,水体富营养化不可忽视,其防治不能逃避。

　　许多学者认为水体水质营养状态是决定浮游植物种群规模的根本要素。

而水动力学条件，则决定浮游植物能否快速生长，从而发生水华的直接因素。光照强度、水温变化、降雨等气候条件都对水华藻的种类和水华持续时间有较大影响。除此之外，水库运行对水体溶解性氮气、溶解氧的含量，CO_2等温室气体的排放，库底泥水界面，营养物的沉积与释放，以及鱼类和浮游动物等群落等均存在很大的影响。这些因素也可能直接或间接作用到浮游植物上，影响到其种群结构、数量及分布。

根据已有的研究和积累，生态学家通过多种不同营养状态下浮游植物群落特点进行比较和总结，已形成了较为完善的营养状态藻种谱，并用指示种或种群来指示水体营养状态，并根据其不同种类生物量或占比不同，来进行营养状态的评价。许多学者完成了大量的研究，形成了资源竞争理论、生境选择学说、藻类生态功能组，构建了藻类基因库，引入了如自动监测，遥感监测、分子生物学分析等新技术手段。

但是依然有一些问题没有得到很好的回答，例如，浮游植物群落结构和种群数量变化受到各种因素的影响，那么哪些因素占主导？这些因素具体是如何影响浮游植物的？水华现象如何预测，如何调控，如何治理？这依然是难点和痛点。这一方面，是我们研究工作还不够深入；另一方面，也说明这一工作确实具有复杂性和长期性。

此外，目前的监测和评价体系，也存在一些亟待改进的地方，一些常用的评价方法，例如藻细胞密度的直接评价可能并不适用于所有水域，不同的浮游植物由于个体大小不一，采用同一套标准限值可能也存在问题；而或多样性评价也存在一定的局限性。换言之，不同类型的水体和具体情况，可能需要采用不同的评价方法或指标体系。因此，评价方法体系的研究改进也十分急迫。

目前，在长江上游地区开展的团队日益增多，这些研究工作也在不断深入。尽管目前的工作很基础，但前期工作意义重大，作为其中的一分子，我们倍感荣幸。未来也期待与更多的同行深入合作，携手前行。

参考文献

［1］《中国河湖大典》编纂委员会. 中国河湖大典(长江卷)［M］. 北京：中国水利水电出版社，2010.

［2］水利部长江水利委员会水政资源局. 长江志 卷一［M］. 北京：中国大百科全书出版社，2003.

［3］青海省生态环境厅. 2022年青海省生态环境状况公报［R］.2023.

［4］西藏自治区生态环境厅. 2022年西藏自治区生态环境状况公报［R］.2023.

［5］云南省生态环境厅. 2022年云南省生态环境状况公报［R］.2023.

［6］四川省生态环境厅. 2022年四川省生态环境状况公报［R］.2023.

［7］重庆市生态环境局. 2022年重庆市生态环境状况公报［R］.2023.

［8］湖北省生态环境厅. 2022年湖北省生态环境状况公报［R］.2023.

［9］邱光胜，涂敏，叶丹，等. 三峡库区支流富营养化状况普查［J］. 人民长江，2008(13)：1-4,106.

［10］郑丙辉，曹承进，张佳磊，等. 三峡水库支流大宁河水华特征研究［J］. 环境科学，2009,30(11)：3218-3226.

［11］张远，郑丙辉，刘鸿亮. 三峡水库蓄水后的浮游植物特征变化及影响因素［J］. 长江流域资源与环境，2006(2)：254-258.

［12］吴光应，刘晓霭，万丹，等. 三峡库区大宁河2010年春季水华特征［J］. 中国环境监测，2012,28(3)：47-52.

［13］魏志兵，何勇凤，龚进玲，等. 金沙江干流浮游植物群落结构特征及其时空变化［J］. 长江流域资源与环境，2020,29(6)：1356-1365.

［14］郭劲松，陈园，李哲，等. 三峡小江回水区叶绿素a季节变化及其同主要藻类的相互关系［J］. 环境科学，2011,32(4)：976-981.

[15] 李哲,郭劲松,方芳,等. 三峡小江回水区蓝藻季节变化及其与主要环境因素的相互关系[J]. 环境科学,2010,31(2):301-309.

[16] 李崇明,黄真理,张晟,等. 三峡水库藻类"水华"预测[J]. 长江流域资源与环境,2007(1):1-6.

[17] 高琦,倪晋仁,赵先富,等. 金沙江典型河段浮游藻类群落结构及影响因素研究[J]. 北京大学学报:自然科学版,2019,55(3):571-579.

[18] 魏志兵,何勇凤,龚进玲,等. 金沙江干流浮游植物群落结构特征及其时空变化[J]. 长江流域资源与环境,2021,29(6):1356-1365.

[19] 章宗涉,黄祥飞. 淡水浮游生物研究方法[M]. 北京:科学出版社,1991.

[20] 孙成渤. 水生生物学[M]. 北京:中国农业出版社,2004.

[21] 赵文. 水生生物学[M]. 北京:中国农业出版社,2016.

[22] 刘建康. 高级水生生物学[M]. 北京:科学出版社,1999.

[23] 魏印心,胡鸿钧. 中国淡水藻类:系统、生态及分类[M]. 北京:科学出版社,2006.

[24] 马健荣,邓建明,秦伯强,等. 湖泊蓝藻水华发生机理研究进展[J]. 生态学报,2013,33(10):3020-3030.

[25] 谢平. 太湖蓝藻的历史发展与水华灾害[M]. 北京:科学出版社,2008.

[26] 胡鸿钧. 水华蓝藻生物学[M]. 北京:科学出版社,2011.

[27] 黄海燕,陆斗定. 甲藻孢囊研究进展[J]. 海洋学研究,2009,27(3):85-92.

[28] 张琪,缪荣丽,刘国祥,等. 淡水甲藻水华研究综述[J]. 水生生物学报,2012,36(2):352-360.

[29] 杨强,谢平,徐军,等. 河流型硅藻水华研究进展[J]. 长江流域资源与环境,2011,20(S1):159-165.

[30] 陈宇炜,秦伯强,高锡云. 太湖梅梁湾藻类及相关环境因子逐步回归统计和蓝藻水华的初步预测[J]. 湖泊科学,2001(1):63-71.

[31] 李哲. 三峡水库运行初期小江回水区藻类生境变化与群落演替特征研究[D]. 重庆:重庆大学,2009.

[32] 赵巧华,孙国栋,王健健,等. 水温、光能对春季太湖藻类生长的耦合影响[J]. 湖泊科学,2018,30(2):385-393.

[33] 鲁韦坤,余凌翔,欧晓昆,等. 滇池蓝藻水华发生频率与气象因子的关系[J]. 湖泊科学,2017,29(3):534-545.

［34］杨东方，高振会，王培刚，等．光照时间和水温对浮游植物生长影响的初步剖析——以胶州湾为例［J］．海洋科学，2002，26(12)：18-22．

［35］田泽斌，刘德富，姚绪姣，等．水温分层对香溪河库湾浮游植物功能群季节演替的影响［J］．长江流域资源与环境，2014，23(5)：700-707．

［36］方丽娟，刘德富，杨正健，等．水温对浮游植物群落结构的影响实验研究［J］．环境科学与技术，2014，37(S2)：45-50．

［37］黄廷林，曾明正，邱晓鹏，等．温带季节性分层水库浮游植物功能类群的时空演替［J］．中国环境科学，2016(4)：1157-1166．

［38］林佳，苏玉萍，钟厚璋，等．一座富营养化水库——福建山仔水库夏季热分层期间浮游植物垂向分布［J］．湖泊科学，2010，22(2)：244-250．

［39］BRÖNMARK C，HANSSON L A．The biology of lakes and ponds［M］．2nd ed．Oxford：Oxford University Press，2005．

［40］张运林，秦伯强，陈伟民，等．不同风浪条件下太湖梅梁湾光合有效辐射的衰减［J］．应用生态学报，2005，16(6)：1133-1137．

［41］王红萍，夏军，谢平，等．汉江水华水文因素作用机理——基于藻类生长动力学的研究［J］．长江流域资源与环境，2004(3)：282-285．

［42］曹巧丽，黄钰玲，陈明曦．水动力条件下蓝藻水华生消的模拟实验研究与探讨［J］．人民珠江，2008(4)：8-10，13．

［43］张海涵，王娜，宗容容，等．水动力条件对藻类生理生态学影响的研究进展［J］．环境科学研究，2022，35(1)：181-190．

［44］毕永红，朱孔贤，余博识，等．三峡水库蓄水对藻类群落结构和水环境的影响：中国藻类学会第八次会员代表大会暨第十六次学术讨论会论文摘要集［C］．上海，2011．

［45］龙天渝，刘腊美，郭蔚华，等．流量对三峡库区嘉陵江重庆主城段藻类生长的影响［J］．环境科学研究，2008，21(4)：104-108．

［46］邬红娟，郭生练．水库水文情势与浮游植物群落结构［J］．水科学进展，2001，12(1)：51-55．

［47］杨东方，高振会，王培刚，等．营养盐 Si 和水温影响浮游植物的机制［J］．海洋环境科学，2006，25(1)：1-6．

［48］刘鑫，王超，王沛芳，等．营养盐比例对硅藻水华优势种小环藻生长和生理的影响［J］．环境科学研究，2021，34(5)：1196-1204．

［49］李哲，郭劲松，方芳，等．三峡水库小江回水区不同 TN/TP 水平下氮素形态分布和循环特点［J］．湖泊科学，2009，21(4)：509-517．

[50] 郑晓红. 地表水中总磷和总氮对藻类生长的影响以及藻类生长对 pH 值和溶解氧含量的影响[J]. 仪器仪表与分析监测, 2012(3)：43-45.

[51] 陈小娟, 潘晓洁, 邹曦, 等. 三峡水库小江回水区水华爆发期原生动物群落的初步研究[J]. 水生态学杂志, 2013,34(6)：1-6.

[52] 叶艳婷, 胡胜华, 王燕燕, 等. 东湖主要湖区浮游植物群落结构特征及其与环境因子的关系[J]. 安徽农业科学, 2011,39(23)：14213-14216.

[53] 孟睿, 何连生, 过龙根, 等. 长江中下游草型湖泊浮游植物群落及其与环境因子的典范对应分析[J]. 环境科学, 2013,34(07)：2588-2596.

[54] 秦伯强, 许海, 董百丽. 富营养化湖泊治理的理论与实践[M]. 北京:高等教育出版社, 2011.

[55] 郑建军, 钟成华, 邓春光. 试论水华的定义[J]. 水资源保护, 2006, 22(5)：45-47,80.

[56] 秦伯强, 高光, 朱广伟, 等. 湖泊富营养化及其生态系统响应[J]. 科学通报, 2013,58(10)：855-864.

[57] 朱爱民, 李嗣新, 胡俊, 等. 三峡水库支流拟多甲藻水华的形成机制[J]. 生态学报, 2014,34(11)：3071-3080.

[58] 俞顺章, 赵宁, 资晓林, 等. 饮水中微囊藻毒素与我国原发性肝癌关系的研究[J]. 中华肿瘤杂志,2001(2)：96-99.

[59] 周伦, 鱼达, 余海, 等. 饮用水源中的微囊藻毒素与大肠癌发病的关系[J]. 中华预防医学杂志, 2000,34(4)：224-226.

[60] 赵爽, 杨硕. 除藻技术及藻类的资源化研究[J]. 市政技术, 2009,27(1)：53-56, 60.

[61] 刘德富, 黄钰铃. 三峡水库支流水华与生态调度[M]. 北京:中国水利水电出版社, 2013.

[62] 王高鸿, 黄家权, 李敦海, 等. 水华藻类的分子鉴定研究进展[J]. 水生生物学报, 2004(2)：207-212.

[63] 杨碧澄, 徐达文. 全基因测序技术介绍及其在藻类中的应用：庆祝中国藻类学会成立 30 周年暨第十五次学术讨论会[C]. 珠海, 2009.

[64] 段洪涛, 张寿选, 张渊智. 太湖蓝藻水华遥感监测方法[J]. 湖泊科学, 2008,20(2)：145-152.

[65] KARR J R. Assessment of biotic integrity using fish communities[J]. Fisheries, 1981,6(6)：21-27.

[66] 中华人民共和国水利部. 地表水资源质量评价技术规程：SL 395—

2007[S]. 北京:中国水利水电出版社,2007.

[67] 中华人民共和国生态环境部. 水华遥感与地面监测评价技术规范(试行):HJ 1098—2020 [S]. 北京:中国环境出版社,2020.

[68] 龙波. 长江中上游干流着生硅藻多样性及对环境指示作用的研究[D]. 上海:上海师范大学,2022.

[69] 胡韧,蓝于倩,肖利娟,等. 淡水浮游植物功能群的概念、划分方法和应用[J]. 湖泊科学,2015,27(1):11-23.